中文全彩铂金版

犀牛Rhino 6.9

产品设计案例教程

蔡克中　汪振泽　徐英　刘敏婧 / 主编

U0245056

中国青年出版社

侵权举报电话

全国"扫黄打非"工作小组办公室　　　　　中国青年出版社
010-65233456　65212870　　　　　　　010-50856028
http://www.shdf.gov.cn　　　　　　　　 E-mail: editor@cypmedia.com

图书在版编目（CIP）数据

犀牛Rhino 6.9中文全彩铂金版产品设计案例教程 / 蔡克中等主编. — 北京：中国青年出版社，2019.8
ISBN 978-7-5153-5622-8

I.①犀… II.①蔡… III.①产品设计－计算机辅助设计－应用软件－教材　IV.①TB472-39

中国版本图书馆CIP数据核字（2019）第103402号

犀牛Rhino 6.9中文全彩铂金版产品设计案例教程

蔡克中　汪振泽　徐英　刘敏婧 / 主编

出版发行：**中国青年出版社**

地　　址：北京市东四十二条21号

邮政编码：100708

电　　话：（010）50856188 / 50856189

传　　真：（010）50856111

企　　划：北京中青雄狮数码传媒科技有限公司

责任编辑：张　军

策划编辑：张　鹏

印　　刷：湖南天闻新华印务有限公司

开　　本：787×1092　1/16

印　　张：14

版　　次：2019年10月北京第1版

印　　次：2019年10月第1次印刷

书　　号：ISBN 978-7-5153-5622-8

定　　价：69.90元

（附赠3DVD，含语音视频教学+案例素材文件+PPT电子课件+海量实用资源）

本书如有印装质量等问题，请与本社联系

电话：（010）50856188 / 50856189

读者来信：reader@cypmedia.com

如有其他问题请访问我们的网站：www.cypmedia.com

Preface 前言

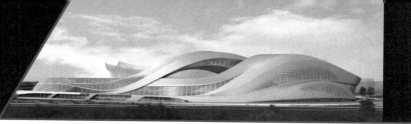

首先，感谢您选择并阅读本书。

:::::::::::::::::: **软件简介** ::::::::::::::::::

Rhino全称为Rhinoceroc，中文名称为犀牛，是美国Robert McNeel&Assoc开发的一款功能强大的专业三维建模软件，非常易学好用，不但能够快速表现设计方案，而且能够准确导入到许多三维造型、工程设计、平面设计和渲染动画等软件中，深受广大设计师的喜爱，广泛应用于珠宝首饰设计、建筑设计、工业产品设计、CG设计等领域。目前，我国很多工业设计院校和培训机构都将Rhino建模作为一门重要的专业课程。

:::::::::::::::::: **内容提要** ::::::::::::::::::

本书以理论知识结合实际案例操作的方式编写，分为基础知识和综合案例两个部分。

基础知识篇共8章，对Rhino软件的基础知识和功能应用进行了全面介绍，包括软件的入门知识、曲线的绘制与编辑、曲面的绘制与编辑、实体建模、网格建模、尺寸标注与2D视图的建立以及模型的渲染等。在介绍软件各个功能的同时，会根据所介绍功能的重要程度和使用频率，以具体案例的形式，拓展读者的实际操作能力。每章内容学习完成后，还会有具体的案例来对本章所学内容进行综合应用，使读者可以快速熟悉软件功能和设计思路。通过课后练习内容的设计，使读者对所学知识进行巩固加深。

综合案例篇共3章内容，主要通过制作卡通闹钟模型、电钻模型和智能音箱模型的操作过程，对Rhino常用和重点知识进行精讲和操作，有针对性、代表性和侧重点。通过对这些实用性案例的学习，使读者真正达到学以致用的目的。

为了帮助读者更加直观地学习本书，附赠的学习资料中不但包括了书中全部案例的素材文件，方便读者更高效地学习；还配备了所有案例的多媒体有声教学视频，详细地展示了各个案例效果的实现过程，扫除初学者对新软件的陌生感。

:::::::::::::::::: **使用读者群体** ::::::::::::::::::

本书既可作为了解Rhino各项功能和最新特性的应用指南，也可作为提高用户设计和创新能力的指导，适用读者群体如下：

- 各高等院校刚刚接触Rhino的莘莘学子；
- 大中专院校相关专业及培训班学员；
- 从事产品设计和制作相关工作的设计师；
- 对Rhino三维建模制作感兴趣的读者。

本书在写作过程中力求谨慎，但因时间和精力有限，不足之处在所难免，敬请广大读者批评指正。

Contents 目录

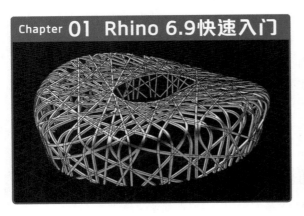

Chapter **02** 曲线的绘制和编辑

Chapter **03** 曲面的创建

Chapter 04 曲面的编辑

Chapter 05 实体的创建

Chapter 06 网格建模

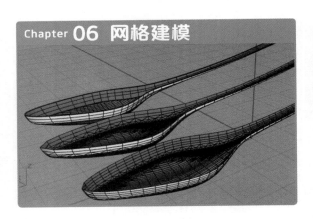

Chapter 07 尺寸标注和2D视图的建立

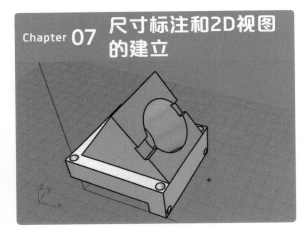

Chapter 08 Keyshot 渲染器应用

Part 02 综合应用篇

Chapter 09 制作卡通闹钟模型

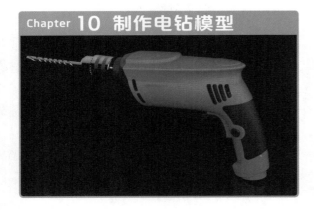

Chapter 10 制作电钻模型

Chapter 11 制作智能音响模型

Part 01

基础知识篇

基础知识篇共8章，主要对Rhino软件的基础知识和功能应用进行全面的介绍，包括软件的入门知识、曲线的绘制与编辑、曲面的绘制与编辑、实体模型的创建、网格模型的创建与编辑、尺寸标注与2D视图的建立以及模型的渲染等。在介绍软件功能的同时，结合丰富的实战案例，让读者全面掌握Rhino建模技术。

Chapter 01 Rhino 6.9快速入门

本章概述

本章将对Rhino 6.9软件的基本应用进行介绍，使读者了解软件的主要应用领域，并对界面的组成、文件操作、对象的基本操作以及工作环境设置等进行详细介绍，使用户通过本章知识的学习，掌握Rhino软件的一些基本使用方法和操作技巧。

核心知识点

❶ 了解Rhino的应用领域
❷ 了解Rhino 6.9的工作界面
❸ 熟悉Rhino的文件操作
❹ 掌握Rhino对象的基本操作
❺ 了解Rhino图层的应用

1.1 Rhino的应用领域

　　Rhino英文全名为Rhinoceros，中文称之犀牛，是美国Robert McNeel&Associates公司开发的一款功能强大的专业3D造型软件，目前广泛应用于珠宝设计、工业产品设计、建筑设计以及服饰设计等诸多领域。

1. 珠宝首饰设计领域

　　Rhino是当今珠宝首饰设计行业的通用设计软件，在Rhino中装入TechGems(珠宝插件)、Flamingo(火烈鸟)以及V-Ray渲染插件后，便是一款非常专业的珠宝首饰辅助设计软件。应用Rhino强大的包容性和建模功能，可以创建出精准的模型和逼真的3D效果，如下图所示。

2. 建筑设计领域

　　建筑设计师利用Rhino强大的曲面建模功能，在设计自由曲面创意建筑时占有很大优势，同时，使用Grasshopper等插件辅助Rhino进行建筑设计，给了我们真正传统设计模式无法给予的拓展思维和创造平台，如下图所示。

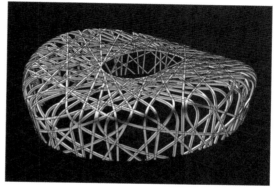

3. 工业产品设计领域

产品造型设计是工业产品开发的重要环节，并不是简简单单的外观设计。在进行工业产品设计时，从设计稿、手绘到实际产品，或者只是一个简单的构思，Rhino所提供的强大的曲面造型功能和易操作性，可以精确地制作所有用来作为渲染表现、动画、工程图、分析评估以及生产用的模型，如下图所示。

4. CG设计领域

Rhino软件无疑是一款功能非常强大的3D建模软件，不仅在产品的外观造型设计建模上优势明显，设计师可以应用Rhino非常方便地把产品的外观造型创意表现出来，在游戏角色模型创建等CG领域，Rhino的应用优势也是非常突出的，如下图所示。

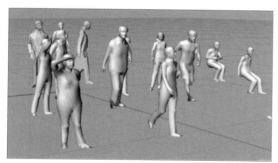
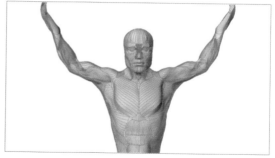

1.2 Rhino工作界面

介绍了Rhino的应用领域后，本节将介绍Rhino 6.9的工作界面。Rhino的工作界面由标题栏、菜单栏、命令行、工具栏、工作视窗、图形面板以及状态栏等构成，如下图所示。

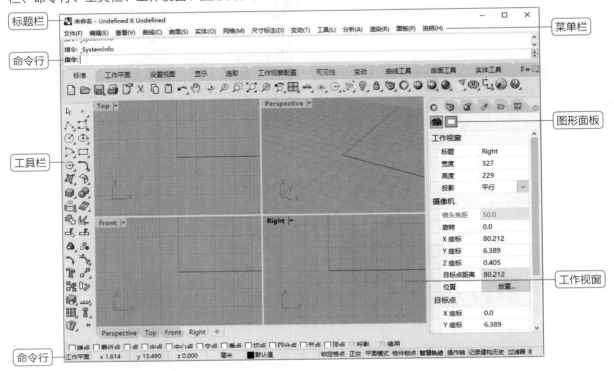

1.2.1 标题栏

标题栏位于Rhino主界面的最顶端，用于显示当前打开文件的名称和软件版本等信息。在标题栏的最右侧有三个窗口控制按钮，用于控制应用程序窗口的最小化、最大化/向下还原和关闭操作，如下图所示。

1.2.2 菜单栏

菜单栏位于标题栏的下方，包含了Rhino软件绝大部分的命令，所有命令都是根据命令的类型来分类的。用户可以直接单击某个菜单项，或按住Alt键的同时按下菜单项对应的字母，可打开对应的下拉菜单。例如，按住Alt键的同时按下C键，可打开"曲线"下拉菜单。打开"曲线"下拉菜单❶后，若某选项右侧标有 符号❷，表示该菜单还有下一级子菜单，如下图所示。

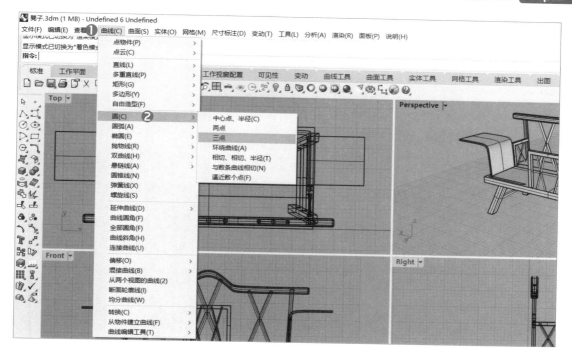

1.2.3　命令行

　　命令行是Rhino重要的组成部分，可以显示当前命令执行的状态、提示下一步的操作、输入参数、显示分析命令的分析结果、提示命令操作失败的原因等信息，如下图所示。并且许多工具在命令行中提供了相应的选项，用户可以单击对应的选项，更改相应的设置。

　　命令行分为指令历史行和指令提示行，用户可以执行"工具>指令集>指令历史"命令或按下F2功能键，打开"指令历史"对话框，如右图所示。

　　在该对话框中，用户可以使用类似于文本编辑的方法，剪切、复制或粘贴历史命令和提示信息。

1.2.4　工具栏

　　在Rhino中执行某个命令的常用方法有3种，分别为：在菜单栏中选择相应的命令；在命令行中输入命令；在工具栏中单击相应的工具按钮，选择所需的工具选项。

Rhino 6.9工具栏分为界面上方的"标准"、"工作平面"、"设置视图"等主要工具栏和界面左侧的快捷工具栏。工具栏中的命令可以分为左键命令和右键命令，用户可以将鼠标放在工具按钮上不动，系统会弹出提示出来信息。用户也可以在按住工具按钮右下角的小三角图标，打开隐藏的工具组，如下图所示。

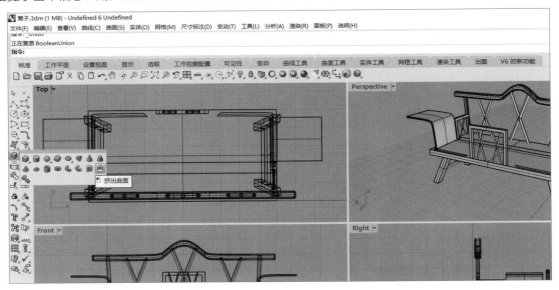

1.2.5　工作视窗

工作视窗是在Rhino中进行工作的主要区域，默认状态下，Rhino的界面分为TOP（顶视图）、Perspective（透视图）、Front（前视图）和Right（右视图）4个工作视窗。用户可以将光标移至一个视窗区域并单击，即可激活该区域，视图标题颜色会变为蓝色，如下图所示。

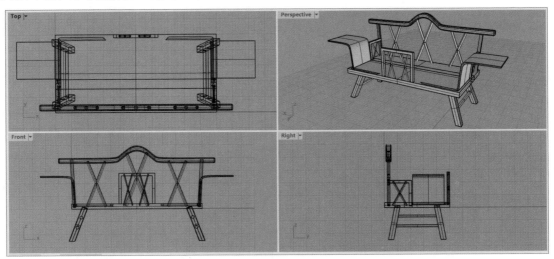

1.2.6　图形面板

Rhino的图形面板默认状态下位于主界面的右侧，该面板中包括"属性"、"图层"、"渲染"、"材质"等选项卡。将光标置于面板上方，按住鼠标左键不放并拖动，可以移动面板的位置，使其浮于主界面上方，如下左图所示。用户还可以单击面板右上角的 ⚙ 按钮或单击"面板"菜单❶，在打开的列表中选择所需的选项❷，即可打开对应的图形面板，如下右图所示。

 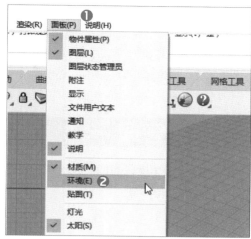

1.2.7　状态栏

　　状态栏用于显示目前的坐标、光标的位置、图层信息及状态栏面板等，熟练地使用状态栏能够提高建模效率。状态栏的组成如下图所示。

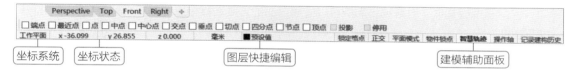

　　下面对状态栏中常用选项的应用和含义进行介绍，具体如下。

1. 坐标系统

　　单击该图标，即可在世界坐标系和工作平面坐标系之间切换，用于右侧光标状态显示所基于的坐标系统。其中，世界坐标系是唯一的，工作平面坐标系是根据各个视图平面来确定的，水平向右为x轴，垂直向上为y轴，与xy平面垂直的为z轴。

2. 光标状态

　　3个数据显示的是当前光标的坐标值，用x、y、z表示。注意数值的显示是基于左侧的坐标系。最后一个数据表示当前光标定位与上一个光标定位之间的间距值。

3. 图层快捷编辑

　　单击该图标，将弹出图层快捷编辑面板，用户可快速地进行图层的切换和编辑等操作。

4. 建模辅助面板

　　该面板在建模过程中使用非常频繁，单击相应的选项按钮即可切换对应的状态，字体显示为粗体时为激活状态，正常显示时为关闭状态。

- **锁定格点：** 选中该选项后，光标只能在格点上移动。
- **正交：** 该选项与CAD正交模式相同，选择该选项后，光标只能在指定的角度上移动，默认角度为90°。
- **平面模式：** 开启平面模式后，光标只能在上一个指定点所在的平面上移动，以便于曲面创建时平面建面的操作。

- **物件锁点：**开启物件锁点模式后，可以锁定物体的某一点，如锁定中心点，便于精确指定模型。该模式有助于精确建模，是常用的选项。
- **智慧轨迹：**当用户需要在不同的平面画线时可以开启，智慧轨迹是点在垂直和水平方向的辅助线。
- **记录构建历史：**该选项可以记录命令的建构历史，但不是所有的命令都支持该选项。

1.3 文件的管理

介绍了Rhino软件的工作界面后，本小节将对Rhino文件管理的基本操作进行介绍，包括文件的新建、文件的打开和文件的保存等。

1.3.1 新建文件

打开Rhino进入软件操作界面后，系统一般会默认新建一个空白文件。此外，用户还可以通过以下方法新建文件。

方法1：通过"新建"命令新建文件

选择"文件"菜单❶，在打开的下拉列表中选择"新建"命令（快捷键为Ctrl+N）❷，如下左图所示。将打开"打开模板文件"对话框，用户可以按照自己的需要选择相应的模板文件❸，单击"打开"按钮❹，如下右图所示。

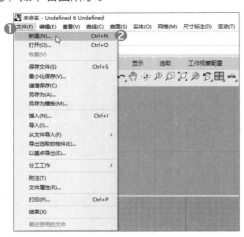 

方法2：调用命令新建文件

用户可以直接在命令行中输入New并按下Enter键，如下左图所示。打开"打开模板文件"对话框，新建文件。

方法3：单击"新建文件"按钮新建文件

用户也可以直接单击"标准"工具栏中的"新建文件"按钮，如下右图所示。打开"打开模板文件"对话框，新建文件。

1.3.2 打开文件

在Rhino 6.9中，用户可以通过以下方法打开所需的文件。

方法1：通过"打开"命令打开文件

选择"文件"菜单❶，在打开的下拉列表中选择"打开"命令（快捷键为Ctrl+O）❷，如下左图所示。将打开"打开"对话框，选择需要打开的文件❸，单击"打开"按钮❹，如下右图所示。

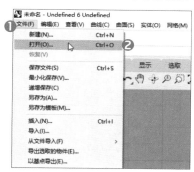

方法2：调用命令打开文件

用户可以直接在命令行中输入Open并按下Enter键，打开"打开"对话框，选择需要打开的文件，单击"打开"按钮。

方法3：单击"打开文件"按钮打开文件

用户也可以直接单击"标准"工具栏中的"打开文件"按钮📂，打开"打开"对话框，选择需要打开的文件，单击"打开"按钮。

1.3.3 保存文件

模型创建完成后，为避免不必要的损失，用户需及时对文件执行保存操作，下面介绍几种常见的保存文件的操作方法。

方法1：通过"保存文件"命令保存文件

● 打开文件并进行编辑后，选择"文件"菜单，在打开的下拉列表中选择"保存文件"命令（快捷键为Ctrl+S），对文件执行保存操作。

● 如果用户是新建文件并进行编辑后，执行"文件>保存文件"命令时，将打开"存储"对话框，然后根据需要选择合适的文件存储位置❶，输入文件名称❷后，单击"保存"按钮❸，如下左图所示。

方法2：通过"另存为"命令保存文件

如果想将编辑后的文件另存为新文件，可执行"文件❶>保存文件❷"命令，如下右图所示。将打开"存储"对话框，然后根据需要选择合适的文件存储位置，并输入新的文件名称后，单击"保存"按钮。

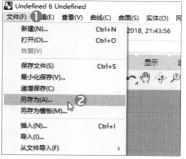

方法3：单击"存储文件"按钮保存文件

文件编辑完成后，用户可以单击"标准"工具栏中的"存储文件"按钮🖫，进行文件保存，如下左图所示。如果是新建文件，此时将打开"存储"对话框，进行文件的保存操作；如果是对已有文件进行编辑，单击"存储文件"按钮将完成文件的存储操作。

方法4：关闭并保存文件

文件编辑完成后，若直接单击工作窗口右上角的"关闭"按钮，系统将提示用户保存文件，单击"是"按钮，进行文件的保存操作，如下右图所示。

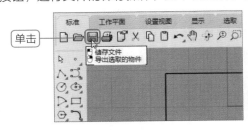

方法5：调用命令保存文件

用户可以直接在命令行中输入Save并按下Enter键，执行文件的保存操作。

1.4 对象的基本操作

对象指的是场景中的模型，包括点、曲线、曲面、实体和网格等，对Rhino对象的基本操作包括选择对象、显示与隐藏对象、移动对象、复制对象、旋转对象、镜像对象、缩放对象以及阵列对象等。

1.4.1 选择对象

在Rhino中，对象的选择方式一般有三种，分别为点选对象、框选对象和按类型选择对象，下面分别进行介绍。

1. 点选对象

首先选择左侧工具栏中的选择工具，如下左图所示。然后将光标移至需要选择的对象上并单击，即可选中该对象，选中的对象会以另外一种颜色显示，如下右图所示。

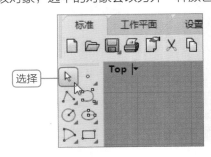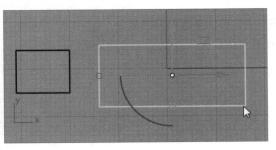

2. 框选对象

对象的框选分为从左到右框选和从右到左框选两种方式，按住鼠标左键从对象的右侧往左侧拖曳，出现虚线框，拖曳到对象的一部分就可选取对象，如下左图所示。按住鼠标左键从对象的左侧向右侧拖曳，则会出现实线框，需要将对象全部选中才能选取对象，如下右图所示。

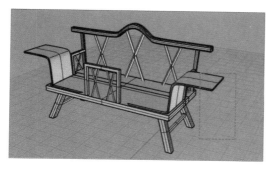 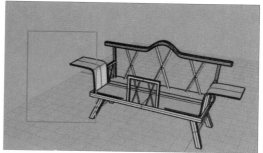

3. 按类型选择对象

在"标准"工具栏中单击"选取全部"右下角的三角按钮，在弹出的对象选取面板中包含了许多对象选择工具，用户可以根据需要进行选择，如右图所示。

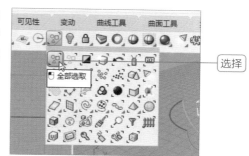

1.4.2　隐藏与显示对象

当用户创建了比较多的对象时，如果想在视窗中精确选择对象，就会变得比较困难，因为很多时候会有其他对象遮挡住要选择的对象，这时候可以通过临时隐藏一部分对象来达到选择所需对象的目的。

首先选择场景中的对象，在"标准"工具栏中单击"隐藏物件"按钮，即可隐藏所选择的对象，如下左图所示。

若需要显示对象，则在"标准"工具栏中单击"隐藏物件"右下角的三角按钮，在弹出的面板中单击"显示物件"按钮即可，如下右图所示。

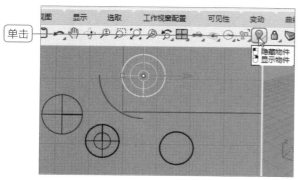 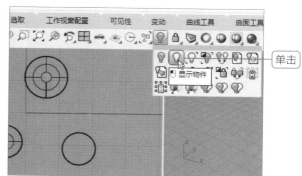

用户也可以选中需要隐藏的对象，单击鼠标中键，在弹出的浮动面板中单击"隐藏物件"按钮，也可快速隐藏选中的对象。

再次单击鼠标中键，在弹出的浮动面板中右击"隐藏物件"按钮，即可显示对象，如右图所示。

1.4.3 锁定与删除对象

在Rhino中进行对象的编辑时，除了隐藏与显示对象外，用户还经常需要执行锁定与删除对象操作，下面分别进行介绍。

1. 锁定对象

首先选择需要锁定的对象，单击鼠标中键，在弹出的浮动面板中单击"锁定物件"按钮，如下左图所示。此时所选择的对象即被锁定，呈灰色显示。若要解锁对象，则再次单击鼠标中键，在打开的浮动面板中右击"锁定物件"按钮即可，如下右图所示。

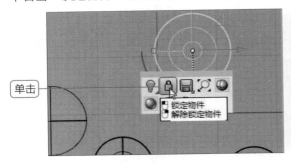 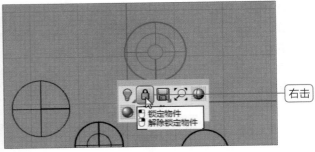

选择场景中的对象后，用户还可以在"标准"工具栏中单击"锁定物件"按钮，将所选择的对象锁定，如下左图所示。若需要解锁对象，则在"标准"工具栏中单击"锁定物件"右下角的三角按钮，在弹出的面板中单击"解除锁定物件"按钮即可，如下右图所示。

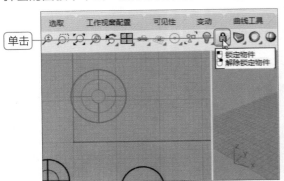 

用户也可以选中对象后，在"标准"工具栏中单击"隐藏物件"右下角的三角按钮，在弹出的面板中单击"锁定物件"按钮或"解除锁定物件"按钮，进行对象的锁定和解锁操作，如右图所示。

2. 删除对象

选择对象，用户可以直接按下键盘上的Delete键，将对象删除；或者在菜单栏中执行"编辑❶>删除❷"命令，删除选择的对象，如下左图所示。

若误操作删除了不该删除的对象，用户还可以在菜单栏中执行"编辑❶>复原❷"命令，如下右图所示。或按下Ctrl+Z组合键，恢复删除的对象。

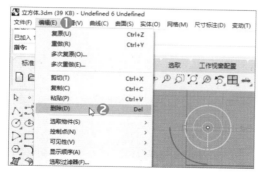 

1.4.4 移动对象

在Rhino中，若需要移动对象，可以选择左侧工具栏中的移动工具，如下左图所示。然后选中要移动的对象，按下Enter键（也可单击鼠标右键）确认。然后选择移动的起点和终点，如下右图所示。在进行对象移动时，用户可先选择对象，然后执行移动操作，也可以先选择移动工具，再选择对象。

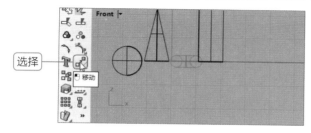 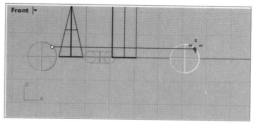

即可完成对象的移动操作，如右图所示。

用户也可以直接框选要移动的对象，然后按住鼠标左键不放并拖动，快速对对象执行移动操作。在移动对象时，配合使用状态栏中的"锁定格点"和"物件锁点"模式，可以进行更加精确的对象移动操作。

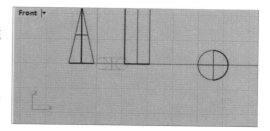

1.4.5 复制对象

在Rhino中要想创建一个和原对象相同的对象，可以执行复制操作。即选择要复制的对象，选择左侧工具栏中的复制工具，如下左图所示。然后选择对象复制的起点和终点，如下右图所示。

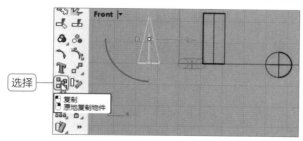 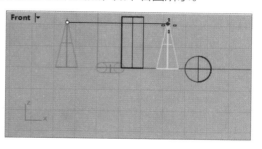

即可完成对象复制操作，如下左图所示。

用户还可以执行原地复制操作，即选择对象后，右击界面左侧工具栏中的复制工具，再次单击选择的对象，将会显示"候选列表"面板，在面板中有两个对象名称选项，其中一个就是刚才原地复制的对象，如下右图所示。

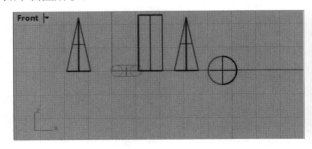 

此外，选择对象后，在菜单栏中执行"编辑❶>复制❷"命令，如右图所示。再执行"编辑>粘贴"命令，同样可以执行对象的原地复制操作。

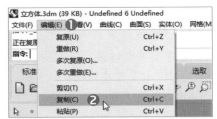

> **提示：快速复制对象**
>
> 选择对象后，直接按下Ctrl+C组合键，执行对象的复制操作；然后按下Ctrl+V组合键，即可快速复制所选择的对象。

1.4.6 旋转对象

在Rhino中，旋转操作分为2D旋转和3D旋转，2D旋转就是平面内的旋转，而3D旋转是空间内的旋转，较2D复杂一点。

要进行2D旋转，则首先选取要旋转的对象并按下Enter键，如下左图所示。选择旋转的中心点后，选择第一参考点，参考点选的越远旋转越精确，然后选择第二参考点完成对象的旋转操作，如下右图所示。

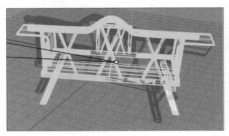 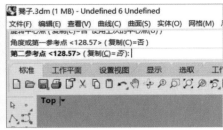

用户也可以在选择完旋转中心后，直接在命令行输入旋转角度，如下左图所示。完成精确旋转操作，如下右图所示。

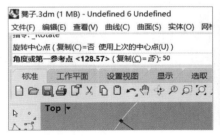 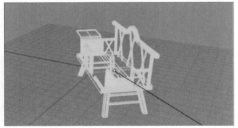

　　3D旋转是绕着一条轴旋转，因此旋转平面可以不在工作平面内。3D旋转与2D旋转不同，是通过鼠标右键单击旋转工具，并且3D旋转较2D旋转参考的是一条线，所以要创建一条旋转轴，如下左图所示。其他操作和2D旋转相同，旋转效果如下右图所示。

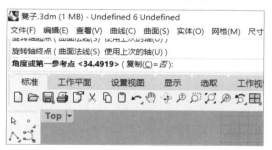
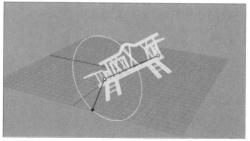

1.4.7　镜像对象

　　在对物体进行操作时，单纯的复制、旋转操作很多时候并不能满足需求。若用户需要的物体对象变化是刚好和需要的对象相反时，可以对物体执行镜像操作。

　　首先在左侧工具栏中右击移动工具或者单击移动工具右下角的三角按钮，打开隐藏工具面板，选择镜像工具，如下左图所示。接着选择需要镜像的对象，按下Enter键或单击鼠标右键，然后选择镜像平面的起点和终点，如下中图所示。即可构造出一个镜子平面，在物体的对面就能形成与物体相反的对象，如下右图所示。

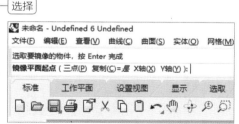
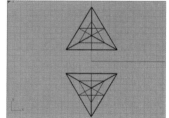

1.4.8　缩放对象

　　当用户需要将物体放大缩小时，可以对对象执行缩放操作。在Rhino中，对象的缩放包括三轴缩放、两轴缩放、单轴缩放、不等比缩放和在定义的平面上缩放等。

　　在左侧工具栏中选择三轴缩放工具，如下左图所示。然后选择需要缩放的物体对象，根据提示选择第一个参考点，接着选择第二个参考点。这时候会出现一条能拉动的直线，拉动直线就能明显看到物体对象在放大或者缩小，如下右图所示。

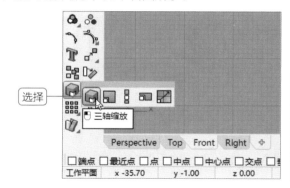
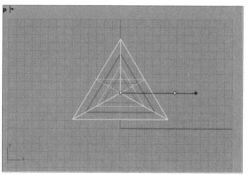

1.4.9 阵列对象

在Rhino中，阵列工具包括矩形阵列、环形阵列、沿着曲线阵列、在曲面上阵列、沿着曲面上的曲线阵列以及直线阵列等。其中常用是矩形阵列和环形阵列工具。

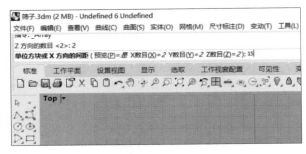

选取对象后，选择矩形阵列工具，在命令行中分别输入x、y、z三个方向的数值以及对象间的间距，即可完成阵列操作，如右图所示。

选取对象后，选择环形阵列工具，然后选择阵列中心点，并输入阵列数，如下左图所示。接着输入阵列角度或通过操纵轴输入，完成阵列操作，如下右图所示。

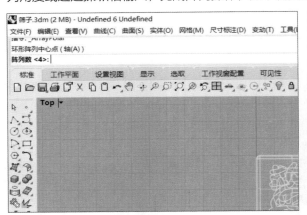
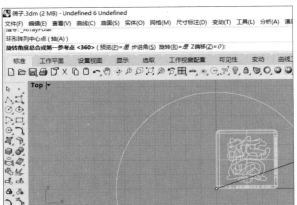

实战练习 创建三阶魔方模型

学习了对象阵列的相关操作后，下面将介绍如何应用矩形阵列工具制作3×3×3的3阶魔方的操作方法，具体步骤如下。

步骤01 首先打开"魔方.3dm"素材文件，打开由20×20×20的立方体、全部边倒直角为1.5制作的魔方，如下左图所示。

步骤02 3阶魔方是由27个这样的物体构成，在左侧的工具栏中选择矩形阵列工具，如下右图所示。

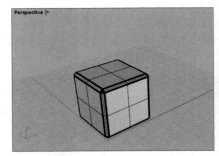
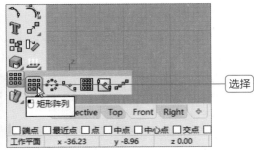

步骤03 选择需要阵列的物体并单击鼠标右键确认操作，然后在命令行中根据提示输入X、Y、Z方向的数值均为3，如下左图所示。

步骤04 之后根据系统提示输入X、Y、Z方向的间距均为20（因为单个立方体的大小是20×20×20，为了紧密相贴，所以设置方向间距为20），如下右图所示。

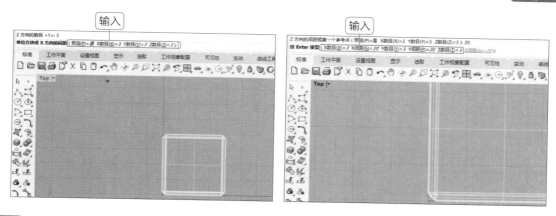

步骤 05 接着命令栏会将刚才输入的数据总结出三轴的数目和距离，如果有错误可以单击数字修改，无误确认生成，这时候就能得出一个3×3×3的三阶魔方模型了，如下左图所示。

步骤 06 渲染后的效果如下右图所示。

1.5　工作环境设置

在Rhino中进行模型创建前，用户可以在"文件属性"对话框中对工作环境进行合理地设置，从而提高建模的精度和建模的效果。

1.5.1　打开"文件属性"对话框

在Rhino 6.9中，常用的打开"文件属性"对话框的方法有3种，具体介绍如下。

● 在菜单栏中执行"文件❶>文件属性❷"命令，将打开"文件属性"对话框，如下左图所示。
● 在"标准"工具栏中单击"文件属性"按钮，打开"文件属性"对话框，如下中图所示。
● 在命令行中输入DocumentProperties命令并按下Enter键，将打开"文件属性"对话框，如下右图所示。

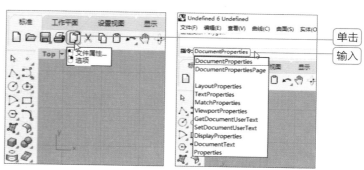

1.5.2 文件属性设置

在"文件属性"对话框的"文件属性"选项列表框中，用户可以根据需要对文件单位、格线、剖面线、网格、线型、渲染、注解样式等进行设置。

1. 单位设置

在"文件属性"选项列表框中选择"单位"选项后，用户可以在对话框右侧的面板中对文件的单位、公差、距离显示参数等进行设置，如下图所示。

- **模型单位❶**：单击右侧的下拉按钮，用户可以根据需要选择米、厘米、毫米等选项，一般情况下选择毫米单位。
- **绝对公差❷**：用于设置建模尺寸误差容许限度，值越小，建模的精度越高。

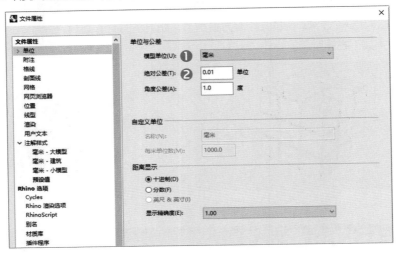

2. 网格设置

在"文件属性"选项列表框中选择"网格"选项后，用户可以在对话框右侧的面板中设置Rhino曲面建模过程中转化成多边形的显示和渲染。渲染网格品质设置关系到显示的质量，为了提高曲面的精度，一般选择"平滑、较慢"单选按钮❶，如下图所示。用户也可以根据需要选择"自定义"单选按钮❷，进行自定义设置，设置的精度越高，文件越大。

1.5.3 Rhino选项设置

在"文件属性"对话框的"Rhino选项"选项列表框中，用户可以根据需要对Rhino系统的外观、颜色、工具列、建模辅助、快显菜单、视图、文件以及外观等进行设置。

在"Rhino选项"选项列表框中选择"文件"选项后，用户可以在对话框右侧的面板中对模板文件的位置、自动保存的时间间隔以及文件的锁定等进行设置，如下图所示。设置文件的自动保存时间，可以避免建模过程中非正常关闭软件时造成的数据丢失。用户还可以从"自动保存文件"路径下找到原文件。

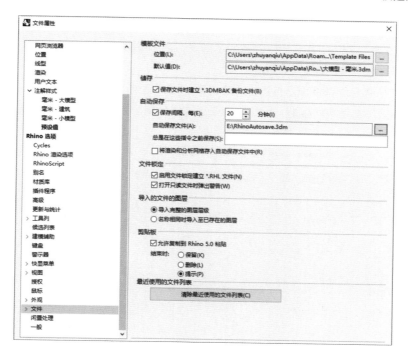

1.6 图层的应用

在Rhino中合理地使用图层功能，可以帮助用户更好地组织模型中的对象，并且可以清晰地反映建模思路。

用户可以执行"编辑>图层>编辑图层"命令、执行"面板>图层"命令或单击"标准"工具栏中的"切换图层面板"按钮 🗐，在打开的图形面板的"图层"选项卡下执行新建图层、重命名图层、复制图层以及删除图层等操作，如右图所示。

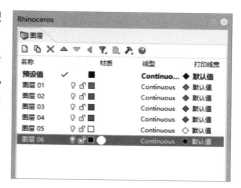

 知识延伸：Rhino建模的相关术语

下面将对Rhino建模过程中的相关术语进行介绍，具体如下。

1. 非均匀有理B样条(NURBS)

非均匀有理B样条（Non uniform rational B-spline，NURBS），缩写NURBS，也称为非均匀有理B样条曲线，是在计算机图形学中常用的数学模型，用于产生和表示曲线及曲面。非均匀有理B样条为处理解析函数和模型形状提供了极大的灵活性和精确性。NURBS通常在计算机辅助设计（CAD）、制造（CAM）及工程（CAE）中有广泛应用。

2. 控制点(Control Point)

控制点（CV点）是控制NURBS物件形态的关键点，在Rhino5.0中就已经提供了直接对NURBS物体的控制点进行操作和编辑的功能。

所有单个曲面和所有曲面都能显示控制点（CV点），如下图所示。但多重曲面不能显示控制点（CV点）。球体和立方体虽然都是实体类型，但其区别在于球体是单个的封闭曲面，而立方体是由多个曲面组合而成的封闭曲面。

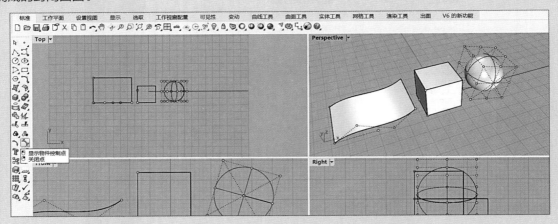

选择一部分控制点（CV点），并对其进行拖动，会发现物体形状将发生变化，如下图所示。这也是一种相当重要的造型方法。

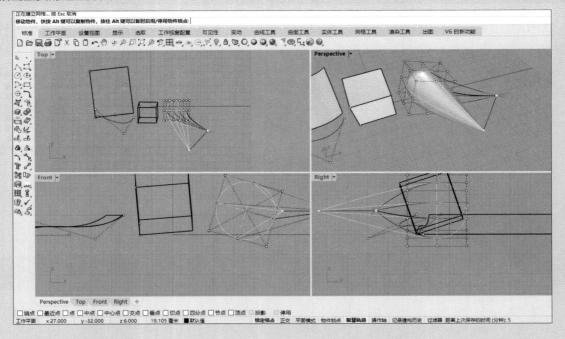

3. 节点(Knot)

节点（Kont）又叫节点向量，指的是用来描述曲线的数字，比如一个3阶曲线A，假设其节点向量表达为{a,a,a,b,c,c,c}，这个数列中的a、b、c分别是3个节点，通常{ }里面的节点数字的数量（8）=阶数（3）+控制点（5）-1。{ }里面的数字数量比节点数量要多。在Rhino中，用户可以通过增加或减少节点来控制曲线，如下图所示。

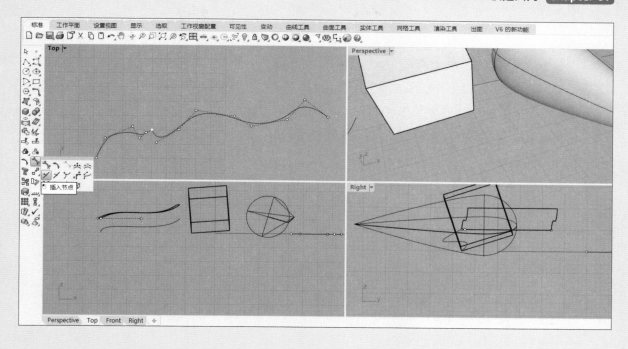

上机实训：创建花瓶造型

　　学习了Rhino 6.9软件的界面介绍、文件管理和对象的基本操作等内容后，下面以制作一个花瓶模型为例，介绍对象旋转操作的应用，具体步骤如下。

步骤 01 在进行模型创建前，用户首先要分析要做的东西的具体构成，然后再考虑要怎么做。从下左图的参考图片可以看出，花瓶的总体造型可以看作是圆柱体，但又不是完全的圆柱体，所以不能直接创建圆柱体来制作花瓶，这时可以考虑使用旋转命令来完成花瓶模型的创建。

步骤 02 这里首先打开"花瓶.3dm"素材文件，如下右图所示。因为考虑到初学者入门的原因，具体线图的制作方法将在第2章"建立花瓶截面曲线"的实战案例中进行详细介绍。

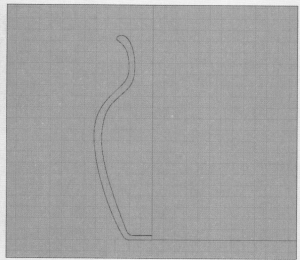

步骤 03 在左侧工具栏的"建立曲面"扩展面板中选择旋转成型工具，如下左图所示。然后选择曲线，以曲线最右边的点为轴线起点进行旋转。在操作时，为了方便准确地选择点，可以打开状态栏中的锁定格点模式辅助操作。

步骤 04 选择旋转成型工具后，制定旋转轴的起点、旋转轴的终点，设置起始角度为0°，设置旋转角度为360°后，将得到下右图所示的花瓶模型。

选择

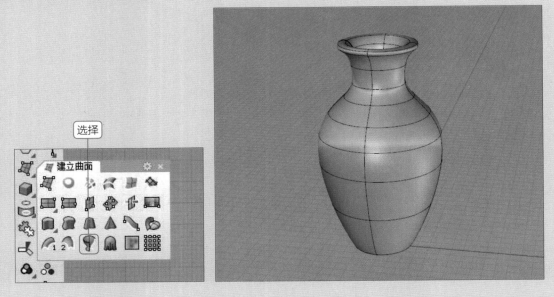

步骤 05 在执行旋转操作时，中心轴的选择要准确选择曲线最右边的点，如果选择的点有偏差，会因为整个曲面没有闭合而造成整个花瓶底部有重合的曲面或是底部中空。花瓶的最终渲染效果如下图所示。

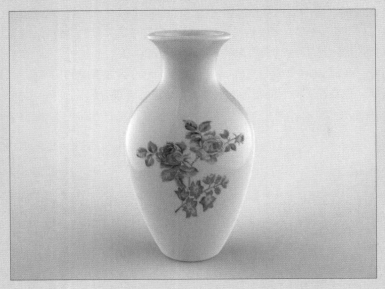

课后练习

1. 选择题

（1）在Rhino中，新建一个空白文件的快捷键为（　　）；打开所需文件的快捷键为（　　）。

　　A. Ctrl+Shift+N　　　　　B. Ctrl+C　　　　　　　C. Ctrl+ND.　　　　　Ctrl+O

（2）以下不是Rhino标题栏最右侧窗口控制按钮的是（　　）。

　　A. 移动　　　　　　　　　B.最小化　　　　　　　C. 向下还原　　　　　D.关闭

（3）在Rhino中对文件进行编辑后，保存文件的快捷键为（　　）。

　　A. Ctrl+Shift+S　　　　　B. Ctrl+B　　　　　　　C. Shift+B　　　　　　D. Ctrl+S

（4）在Rhino中快速复制粘贴对象的快捷键为（　　）。

　　A. Ctrl+Shift+C,Ctrl+Shift+V　　　　　　B. Ctrl+C,Ctrl+V

　　C. Shift+C, Shift+V　　　　　　　　　　D. Ctrl+Alt+C,Ctrl+Alt+V

2. 填空题

（1）工作视窗是在Rhino中进行工作的主要区域，默认状态下，Rhino的界面分为_____、_____、_____和_____4个工作视窗。

（2）开启_____模式，可以锁定物体的某一点，如锁定中心点，便于精确指定模型，该模式有助于精确建模，是常用的选项。

（3）在"_____"对话框的"文件"选项面板中，用户可以根据需要设置文件的_____，以避免建模过程中非正常关闭软件时造成的数据丢失。

（4）在图形面板的"图层"选项卡下，用户可以执行_____、_____、_____以及_____等操作，以帮助用户更好地组织模型中的对象。

（5）在Rhino中，对象的选择方式一般有三种，分别为_____、_____和_____。

3. 上机题

　　学习对象选择的相关操作后，用户可以利用本章所学知识以创建并选择50×50×50立方体为例子，对所学知识进行巩固。

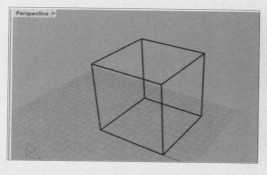
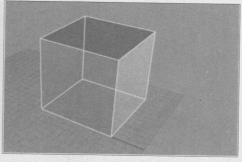

操作提示

　　（1）选择立方体工具后，在工作视窗中建立50×50×50的几何图形，如上左图所示。

　　（2）选择立方体后，单击工作视窗名称右侧的下三角按钮，在打开的下拉列表中选择"着色模式"选项，如上右图所示。

Chapter 02 曲线的绘制和编辑

本章概述

曲线是构建曲面的基础，曲线的质量直接影响由其构成的曲面的质量，所以掌握如何创建高质量的曲线是非常重要的。本章将主要讲解关于曲线的基础知识与基本概念。

核心知识点

❶ 掌握直线的绘制方法
❷ 掌握曲线的绘制方法
❸ 掌握标准曲线的绘制方法
❹ 掌握曲线的编辑操作

2.1 绘制直线

直线是一类特殊的曲线，直线的实质是一阶（一次方）曲线，本小节将介绍单一直线的绘制、多重直线的绘制、通过点绘制直线、切线的绘制以及角度等分直线的绘制操作。打开Rhino 6.9软件后，其直线绘制工具集命令如下图所示。

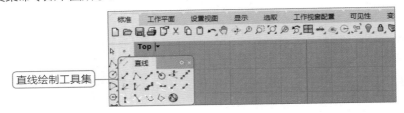

2.1.1 单一直线的绘制

直线工具用于绘制单根直线。首先在左侧工具栏中选择单一直线工具，如下左图所示。然后在绘图区指定直线起点和终点，即可绘制一条直线，如下右图所示。

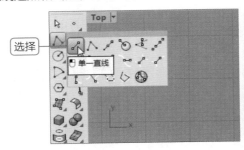

在Rhino 6.9中，用户还可以在菜单栏中执行"曲线>直线>单一直线"命令，调用"单一直线"命令，如右图所示。

也可以在命令行中输入Line命令并按下Enter键，调用单一直线工具。

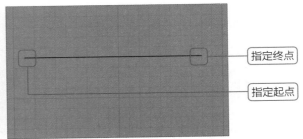

2.1.2　多重直线的绘制

多重直线工具常用于绘制折线，首先在左侧工具栏中选择"多重直线"命令，如下左图所示。然后在绘图区指定多重直线的起点，然后单击指定转折点，最后按下Enter键确认操作，即可完成绘制，如下右图所示。

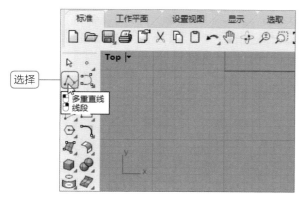
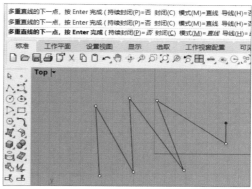

用户还可以通过在命令行中输入Polyline命令来进行多重直线的绘制，具体操作方法如下。

首先在命令行输入Polyline命令并按下Enter键确认操作，然后参照坐标轴输入起点位置，例如原点为（0,0），如下左图所示。接着输入折点（10,3），然后按下Enter键确认该点。同样的方法确定其余各点以及终点，最后按下Enter键确认折线的绘制，如下右图所示。

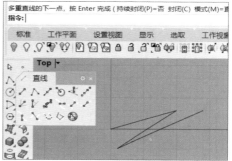

2.1.3　通过点绘制直线

点在Rhino中分为两种，即独立存在的点对象和曲线、曲面的控制点。用户可以利用工具栏中的点工具创建点对象，利用点对象作为参考点或锁点，而控制点则隶属于曲线与曲面，并不独立存在。

首先在左侧工具栏中选择点工具来创建若干个点，如下左图所示。然后打开"物件锁点"模式，勾选"点"复选框，然后执行工具栏中的"多重直线"命令，Rhino会自动捕捉到点上，然后按下Enter键完成通过点绘制直线的操作，如下右图所示。

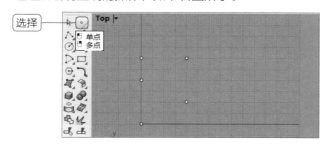
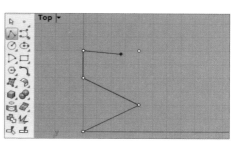

2.1.4 切线的绘制

切线与曲线相切可以绘制与被选择曲线切线方向的直线。在直线工具扩展面板中，选择"直线：起点与曲线正切"命令，可以在起点与曲线正切，绘制一条直线，如下左图所示。在直线工具扩展面板中，选择"直线：与两条曲线正切"命令，可以与两条曲线正切，绘制一条直线，如下右图所示。

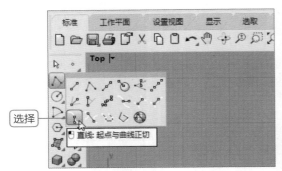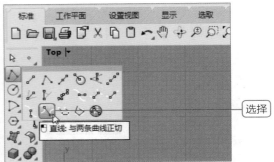

绘制一条曲线后，执行直线工具扩展面板中的"直线：起点与曲线相切"命令，然后选择曲线上一点作为切线的起点进行切线的绘制，如下图所示。

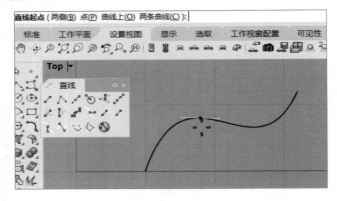

用户也可以绘制曲线后，在命令行中的"从第一点（F）"处单击，确定是第一次在曲面上的点，如下左图所示。然后确定切线的长度，按下Enter键完成切线的绘制，如下右图所示。

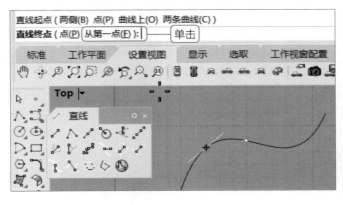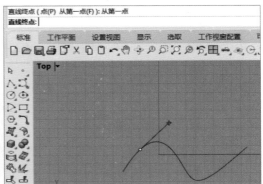

2.1.5 角度等分直线的绘制

角度等分线用于通过等分一个角度来绘制其角等分线，在实际工作中，角度等分线通常用于通过点捕捉来绘制一个已知角度的角等分线。

首先应用点工具在绘图区指定三个点，如下左图所示。然后在直线工具扩展面板中选择"直线：角度等分线"命令，如下右图所示。

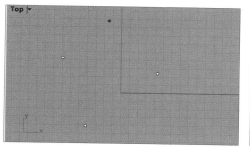 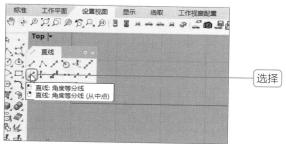

然后选择要等分的角的起点和终点，如下左图所示。按下Enter键完成角度等分直线的绘制，如下右图所示。

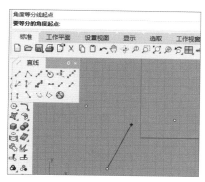 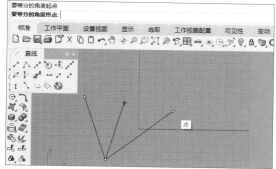

2.2 绘制自由曲线

在Rhino中，曲线绘制是建立在NURBS模型基础上的，用户除了可以直接使用命令进行曲线绘制外，通过对曲线控制点（控制点）和编辑点（EP点）等进行编辑也是曲线造型的重要手段。在Rhino中绘制曲线的方法有很多种，最为常用的是使用控制点绘制曲线。本节将介绍基础曲线的绘制。

2.2.1 编辑点曲线的绘制

在Rhino 6.9中，应用控制点曲线工具可以通过控制点（控制点)来绘制曲线。首先在左侧工具栏中选择"控制点曲线"命令，如下左图所示。然后在命令行中输入曲线阶数（一般默认为3），然后在绘图区中任意位置通过添加控制点来绘制曲线，最后按下Enter键确认操作，完成曲线的绘制，如下右图所示。

 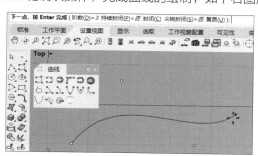

用户也可以在菜单栏中执行"曲线❶>自由造型❷>控制点❸"命令，如下左图所示。或在命令行中输入Curve命令，来创建曲线，如下右图所示。

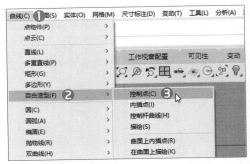 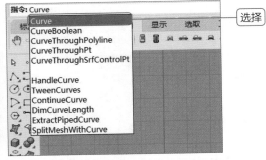

提示：快捷操作

在应用控制点进行曲线绘制时，在命令行输入U，然后按下Enter键可删除最近绘制的一个点；输入C，可形成封闭曲线。

2.2.2 圆锥曲线的绘制

圆锥曲线工具用于绘制圆锥形状的曲线，首先在左侧工具栏中选择"圆锥线"命令，如下左图所示。然后在绘图区确定圆锥曲线的起点、顶点和终点，然后确定圆锥曲线的曲率，即可完成圆锥曲线的绘制，如下右图所示。

在Rhino 6.9中，用户可以通过在绘图区点选或者在命令行中精确输入曲率值（范围为0到1之间）两种方式设置圆锥曲线的曲率。

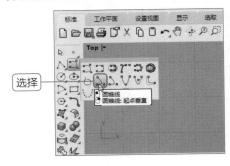 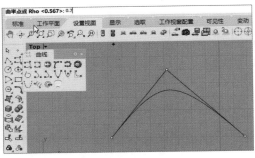

2.2.3 描绘曲线的绘制

描绘曲线工具常用于自由地绘制曲线，在左侧工具栏中选择描绘曲线工具后，在绘图区按住鼠标左键随意地勾画曲线，松开鼠标即可完成曲线的绘制，如下左图所示。若在左侧工具栏中右击"描绘曲线"按钮，则可以在曲面上绘制自由曲线，如下右图所示。

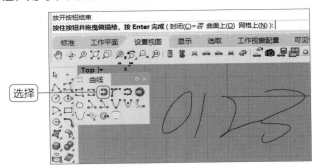 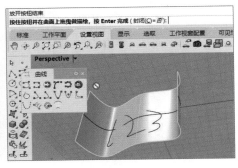

2.2.4　螺旋线的绘制

在Rhino中，使用螺旋线工具可以生成前后半径大小不同的螺旋线。

首先在工具栏中选择"螺旋线"命令，如下左图所示。确定螺旋线中轴的起点和中点，再拖动鼠标到适当的位置并单击，或者直接在命令行输入精确的数值来确定螺旋线起点处的半径，通过命令行的子命令可以控制螺旋线的圈数、螺距等值。第二次拖动鼠标到适当的位置或在命令行输入精确的数值来确定螺旋线终点处的半径，即可完成操作，如下右图所示。

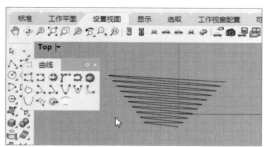

2.2.5　双曲线的绘制

在Rhino中，用户可以选择工具箱中的双曲线工具，通过双曲线的中心点和焦点来绘制双曲线。

首先选择曲线工具扩展面板中的双曲线工具，如下左图所示。然后在绘图区确定双曲线的中心点和焦点，绘制双曲线后单击鼠标左键完成绘制操作，如下右图所示。

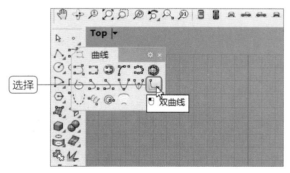
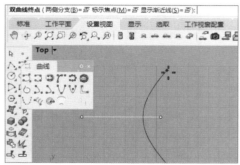

2.2.6　抛物线的绘制

在Rhino中，执行"从焦点建立抛物线"命令，可以通过抛物线的焦点和方向（抛物线落下方向）建立抛物线，此方法可以建立某个焦点和某个方向上的抛物线，因此建立的抛物线形式并不确定。选择"从焦点建立抛物线"命令后，先确定抛物线的焦点，然后点选抛物线落下的方向，如下左图所示。然后确定抛物线的方向，即可完成抛物线的绘制操作，如下右图所示。

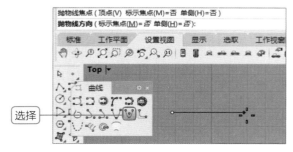
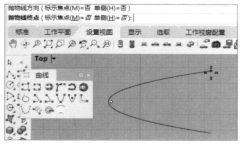

用户若右击"从焦点建立抛物线"按钮，则可以为通过顶点和焦点绘制一根确定形式的抛物线，鼠标仅可控制抛物线的长度和大小。即先确定抛物线顶点，接着点选抛物线的焦点，如下左图所示。然后确定抛物线的大小，单击鼠标左键完成操作，如下右图所示。

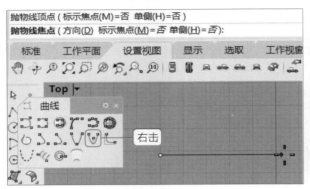 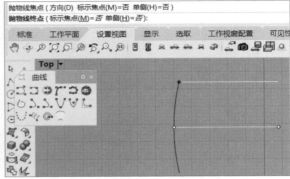

2.2.7 弹簧线的绘制

在Rhino中，用户可以使用弹簧线工具绘制标准的螺旋线。选择弹簧线工具后，首先确定螺旋线的轴线或在命令行选择以某根曲线为轴，生成的螺旋线将环绕这根曲线，如下左图所示。然后在绘图区中确定螺旋线的大小和方向。通过命令行的子命令可以控制螺旋线的圈数、螺距等。使用弹簧线工具可以很轻松地生成诸如弹簧、电话线等物件，如下右图所示。

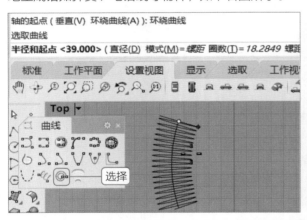 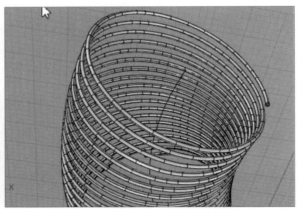

> **提示：螺旋线工具与弹簧线工具区别**
>
> 螺旋线工具与弹簧线工具都用于绘制螺旋线，不同之处在于螺旋线工具绘制的螺旋线前后半径相同，弹簧线工具绘制的螺旋线前后半径不相同。

实战练习 创建螺母模型

学习了弹簧线工具的相关操作后，下面将介绍应用弹簧线工具制做螺母内螺纹的操作方法，具体步骤如下。

步骤 01 首先打开"没有螺纹的螺母.3dm"素材文件，可以看到是一个半径为15mm、高为12mm、内径为8mm的六棱柱，如下左图所示。

步骤 02 螺纹是由弹簧线生成体差集而成的，首先用户需要选择工具栏中"控制点曲线"命令集下的弹簧线工具，如下右图所示。

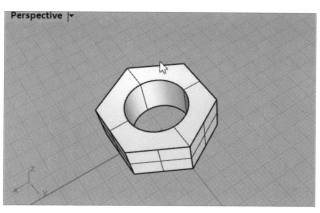 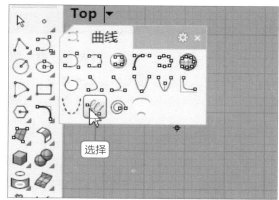

步骤 03 然后根据命令行的提示选择起点和终点，如下左图所示。

步骤 04 根据螺母的数据设置弹簧线的直径为16mm、螺距为0.5mm，即可生成下右图所示的弹簧线。

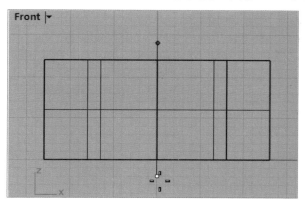 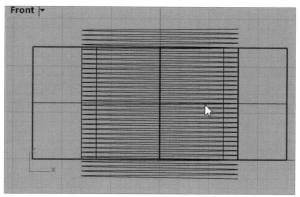

步骤 05 在工具栏中选择"立方体"命令集下的圆管工具，选择弹簧线为路径，设置起点与终点半径都为0.22mm，按下Enter键确认操作，不设置半径的下一点，接着按下Enter确认操作，创建的圆管效果如下左图所示。

步骤 06 在工具栏里选择"布尔运算联集"命令集下的"布尔运算差集"命令，根据命令行的提示选取要减去的曲面或多重曲线，选中螺母后按下Enter键确认操作，然后选择要减去其他物件的曲面或多重曲线，选择圆管后按下Enter键确认操作，查看创建螺母的最终效果，如下右图所示。

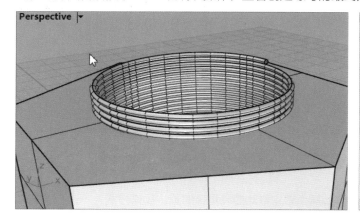 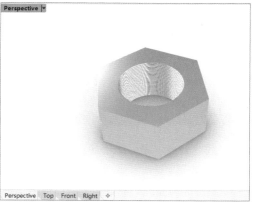

2.3 绘制标准曲线

标准曲线在Rhino 6.9中属于基础工具，掌握好这些工具才能为以后的深层次学习打下基础。标准曲线工具包括圆、圆弧、矩形、多边形和文字等，Rhino 6.9提供了多种创建圆、圆弧、矩形和多边形等的方式，本小节将对各种标准曲线的多种创建方式以及文字的编辑操作进行介绍。

2.3.1 圆的绘制

在Rhino中有多种创建圆的方式，例如，根据圆心和半径、圆心和直径、一条直径上两点、圆周上的3点以及2条公面曲线的正切点和半径等具体条件绘制圆，用户可以在左侧工具栏的圆工具扩展面板中选择所需的命令，进行圆的创建，如下左图所示。也可以在菜单栏中执行"曲线❶>圆❷"命令，然后在子菜单中选择所需的圆绘制命令❸进行圆的创建，如下右图所示。

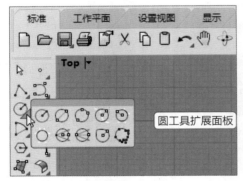

下面对左侧工具栏中圆工具扩展面板中相关圆绘制命令的应用进行介绍，具体如下。

"圆：中心点、半径"命令用于通过中心点和半径绘制圆。操作方式为：选择"圆：中心点、半径"命令后，在操作视窗内选取圆中心点和半径（或在命令行输入半径长度），即可创建圆，如下左图所示。

"圆：直径"命令用于通过一条直径建立圆。操作方式为：执行该命令后，通过在操作视窗选取一条直径来创建圆，如下右图所示。

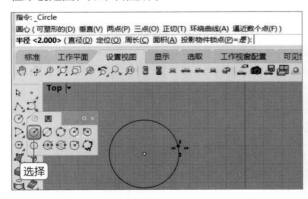
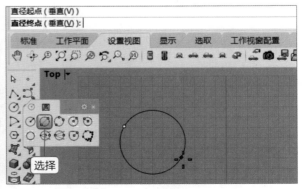

"圆：三点"命令用于通过三点建立圆。操作方式为：选择该命令后，在操作视窗选取三个点来创建圆，如下左图所示。

"圆：环绕曲线"命令用于通过环绕某根曲线上某点建立与此曲线垂直的圆。操作方式为：选择该命令后，在操作视窗内选取一条曲线，然后确定以曲线上某点作为圆心，在操作视窗内指定半径（或在命令行输入半径长度），即可绘制一个圆，如下右图所示。

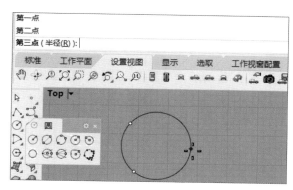 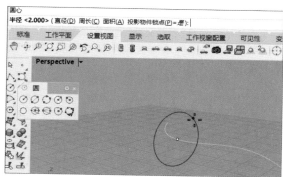

"圆：正切、正切、半径"命令用于得到与两条曲线对象相切，根据半径建立同一个圆。操作方式为：选择该命令后，先选取第一条曲线，再选取第二条曲线，然后输入半径，可以创建与两条曲线公切的圆，如下左图所示。

"圆：与数条曲线正切"命令用于得到与数条曲线对象公切的一个圆。操作方式为：选择该命令后，依次选取三条曲线创建圆，如下右图所示。

 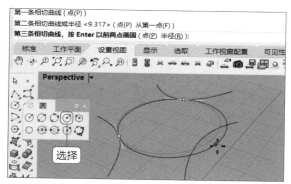

"圆：与工作平面垂直、中心点、半径"命令用于通过中心点和半径建立与工作平面相垂直的圆。操作方式为：选择该命令后，选取操作视窗内一点为圆心，再选取半径，即可创建一个垂直于工作平面的圆，如下左图所示。

"圆：与工作平面垂直、直径"命令用于通过直径建立与工作平面垂直的圆。操作方式为：选择该命令后，选取屏幕上两点作为直径，即可创建一个垂直于工作平面的圆，如下右图所示。

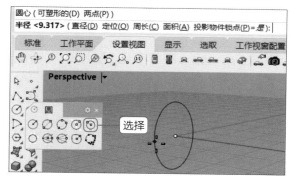 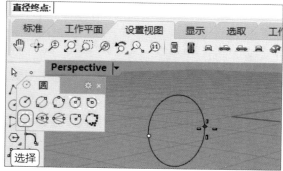

"圆：可塑形的"命令用于创建一个可塑性的圆，可以设置圆的阶数和点数，如下左图所示。

"圆：逼近数个点"命令用于通过多点建立圆。操作方式为：选择该命令后，选取多个点，即可得到一个与这些点位置平均的圆，如下右图所示。

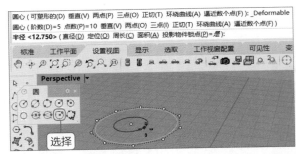

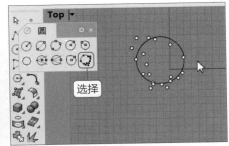

提示："圆：正切、正切、半径"工具应用要点

在运用"圆：正切、正切、半径"命令时应注意，选取曲线时会选取曲线上的某点，两条曲线完成时Rhino会自动给出一个半径值，直接按下Enter键或空格键，即可在选取的这两点处建立公切圆；若是输入不同半径值，会在另外的点处建立公切圆；当输入的半径过大或过小不足以建立公切圆时，无法建立圆。

2.3.2 圆弧的绘制

Rhino 6.9提供了多种创建圆弧的方式，例如，通过圆心起点及角度、两个端点及方向、两个端点及过圆弧的另一点等方式绘制圆弧，并且可以在曲线端点以圆弧延长等具体条件绘制圆弧。用户可以在工具栏中选择圆弧工具扩展面板中的工具创建圆弧，如下左图所示。也可以在菜单栏中执行"曲线>圆弧"命令，在其子菜单中选择相应的命令创建圆弧，如下右图所示。

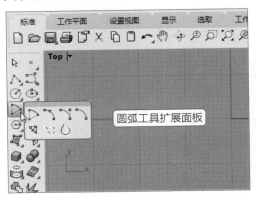

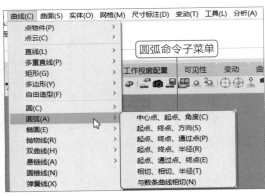

下面对左侧工具栏中圆弧工具扩展面板中相关圆弧绘制命令的应用进行介绍，具体如下。

"圆弧：中心点、起点、角度"命令用于通过圆心、起点及终点绘制一个圆弧。操作方式为：选择该命令后，先绘制圆弧圆心，然后依次绘制圆弧的起点和终点，如下左图所示。

"圆弧：起点、终点、通过点"命令用于通过起点、终点和方向绘制一个圆弧。操作方式为：选择该命令后，先绘制圆弧的起点、终点，然后再拾取一点确定圆弧的弧度，如下右图所示。

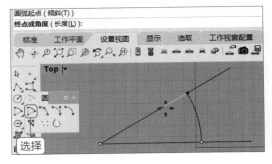

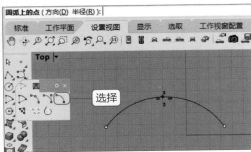

　　"圆弧：起点、终点、起点的方向"命令用于通过起点、终点和一根控制杆绘制圆弧。操作方式为：选择该命令后，先绘制圆弧的起点、终点，然后通过一根控制杆确定圆弧的弧度，如下左图所示。

　　"圆弧：起点、终点、半径"命令用于通过起点、终点、半径长度及圆心方向来绘制圆弧。操作方式为：选择该命令后，先绘制圆弧的起点、终点，然后通过确定圆弧半径长度及圆心方向来绘制一个圆弧，如下右图所示。

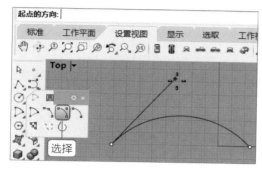 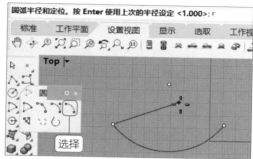

　　"圆弧：与数条曲线正切"命令用于根据切点和曲率来创建圆弧。操作方式为：选择该命令后，先绘制该相切圆，再绘制圆弧，如下左图所示。

　　"通过数个点的圆弧"命令，用于通过数点绘制圆弧。操作方式为：选择该命令后，选取数个点并确定绘制若干圆弧形成的连续曲线。该命令不仅用于绘制圆弧，还有其他参数，如下右图所示。

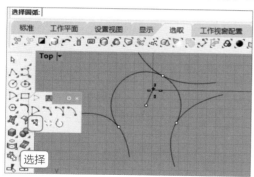 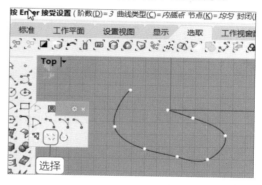

　　"将曲线转化为圆弧"命令用于将曲线转换为圆弧。操作方式为：选择该命令后，选取曲线并确定即可，如右图所示。该命令还可将曲线转换为多重直线。

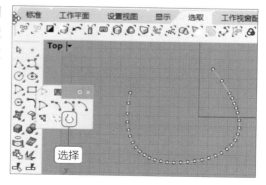

2.3.3　矩形的绘制

　　Rhino 6.9提供了多种创建矩形的方式，用户可以通过角点、中心及角点、边等方式来绘制矩形。下面介绍矩形绘制相关命令的用途及操作方式说明，下左图为工具栏的矩形绘制工具集，下右图为菜单栏中的矩形绘制命令集。

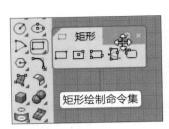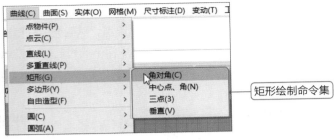

下面对左侧工具栏中矩形工具扩展面板中相关矩形绘制命令的应用进行介绍，具体如下。

"矩形：角对角"命令用于通过角点绘制一个平行于工作平面的矩形。操作方式为：选择该命令后，在操作视窗内拾取两点作为矩形角点来绘制一个矩形，参数R可倒圆角矩形，如下左图所示。

"矩形：中心点、角"命令用于通过中心点和角点绘制一个平行于工作平面的矩形。操作方式为：选择该命令后，先拾取矩形中心点再拾取矩形角点，确定绘制一个矩形，如下右图所示。

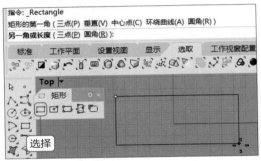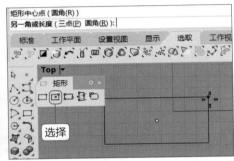

"矩形：三点"命令用于通过一条边及对边上某点来绘制一个平行于工作平面的矩形。操作方式为：选择该命令后，先拾取两点确定矩形上一条边，再确定该边对边上的某点来绘制矩形，如下左图所示。

"矩形：垂直"命令用于绘制垂直于工作平面的矩形。操作方式为：选择该工具后，通过一条边和与该边相对的点，绘制一个垂直于工作平面的矩形，如下右图所示。

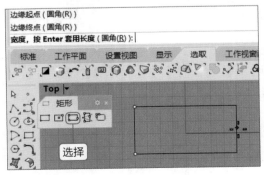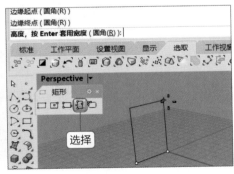

"圆角矩形"命令用于绘制平行于工作平面的圆角矩形。操作方式为：选择该命令后，先通过角点绘制一个矩形，然后倒圆角，圆角大小可以手动操作也可以在命令行精确输入，如右图所示。

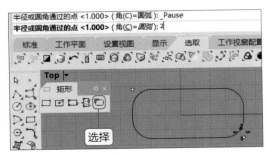

2.3.4 多边形的绘制

Rhino 6.9提供了多种方式创建多边形，用户可以通过中心点与半径、中心点与角以及边的数量等方式来绘制多边形形，本小节将介绍多边形绘制相关命令的用途及操作方式，下左图为工具栏中的多边形绘制工具集，下右图为菜单栏中的多变形绘制命令集。

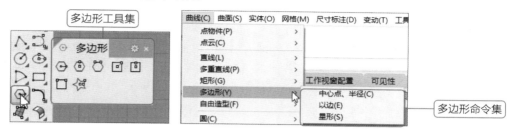

"多边形：中心点、半径"命令绘制用于通过中心点和半径（内切模式下的半径是外接圆的半径，同样外切模式下的半径是内接圆的半径）绘制平行于工作平面的多边形。操作方式为：选择该命令后，先拾取多边形中心点再拾取多边形外接圆半径，可以通过命令行设置边数，确定绘制一个多边形，如下左图所示。

"外切多边形：中心点、半径"命令用于通过中心点和半径绘制平行于工作平面的多边形。操作方式为：选择该命令后，先拾取多边形中心点再拾取多边形内切圆，可以通过命令行设置边数，确定绘制一个外切多边形，如下右图所示。

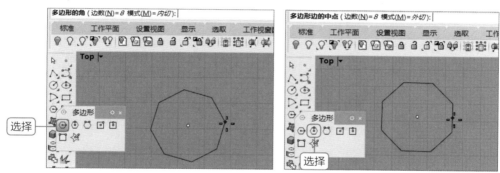

"多边形：边"命令用于通过多边形边的长度与方向绘制平行于工作平面的多边形。操作方式为：选择该命令后，先拾取多边形边的起点，可以通过命令行设置边数，然后拾取终点，确定绘制一个多边形，如下左图所示。

"正方形：中心点、角"命令用于通过中心点和外接圆半径绘制平行于工作平面的正方形。操作方式为：选择该命令后，先拾取正方形中心点再拾取正方形外接圆半径，确定绘制一个正方形，如下右图所示。

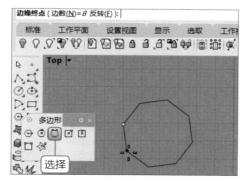
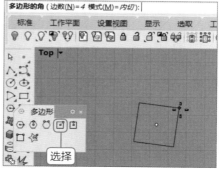

"外切正方形：中心点、半径"命令用于通过中心点和内接圆半径绘制平行于工作平面的正方形。操作方式为：选择该命令后，先拾取正方形中心点再拾取内接圆半径，确定绘制一个外切正方形，如下左图所示。

"正方形：边"命令用于通过正方形边的长度与方向绘制平行于工作平面的正方形。操作方式为：选择该命令后，先拾取正方形边的起点，然后拾取终点，确定绘制一个正方形，如下右图所示。

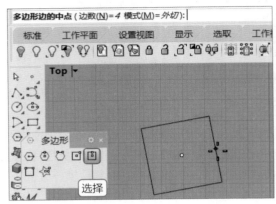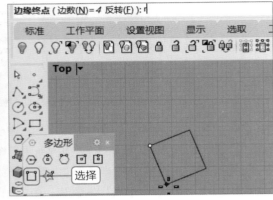

"多边形：星形"命令用于通过星形的中心点、第一半径和第二个半径绘制平行于工作平面的星形。操作方式为：选择该命令后，先拾取星形的中心点以及第一半，然后可以通过命令行设置边数，然后拾取第二半径，确定绘制一个星形，如下右图所示。

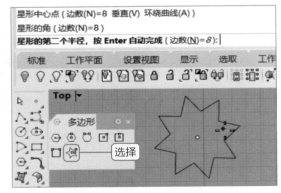

2.3.5 文字的创建

在Rhino软件中，通过各项功能的综合使用可以帮助用户更好地进行三维建模操作，本小节将对如何添加曲线文字、曲面文字和实体文字的操作方法进行详细介绍。

在Rhino 6.9中，要进行文字的创建，用户可以在工具栏中选择文字物件工具，如下左图所示。或者在菜单栏中执行"实体>文字"命令，如下右图所示。

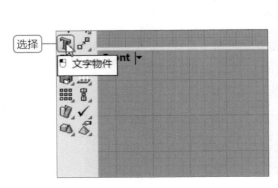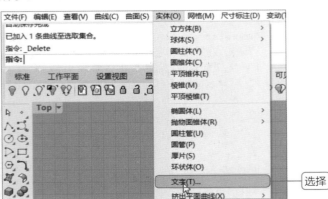

此时，将弹出"文字物件"对话框，用户可以根据需要在文本输入框中输入需要的文字，然后设置文本加粗和斜体显示，如下左图所示。然后单击"字体"右侧的下拉按钮，在下拉列表中选择所需的字体样式选项，如下右图所示。

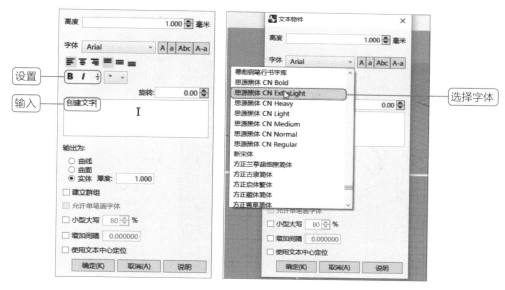

在"文本物件"对话框的"输出为"选项区域中包含"曲线"（使用单线字型）、"曲面"和"实体"三种输出模式。选择"实体"单选按钮后，用户可以在"高度"数值框中设置文字实体的高度，单位为毫米，如下左图所示。

设置完成后单击"确定"按钮，即可完成实体文字的创建操作，如下右图所示。其他文字模式的创建，用户可自行动手操作后查看效果。

实战练习 为足疗仪添加Logo文字

Logo是一个产品重要的组成部分，学习了Rhino文字的创建操作后，下面将介绍为足疗仪添加文字Logo的操作方式，具体步骤如下。

步骤 01 首先打开"足疗仪.3dm"素材文件,如下左图所示。

步骤 02 在工具栏中选择文字物件工具,将打开"文本物件"对话框,在文本框内输入confrotable文本❶,然后设置文字实体厚度为1mm❷、高度为0.9mm❸,并对文本样式进行设置❹,如下右图所示。

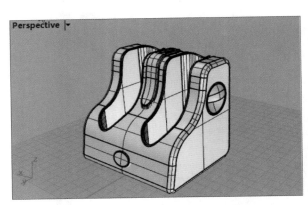

步骤 03 单击"确定"按钮后,查看创建的Logo实体文字效果,然后将创建的文字移到合适的位置,效果如下左图所示。

步骤 04 下右图为简单渲染后的效果图。Rhino 6.9的渲染能力已经很强大了,如果要更加逼真的渲染效果,就需要用到渲染专用软件,例如:Keyshot。

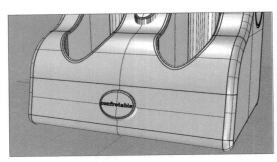

2.4 编辑曲线

　　Rhino提供了多种曲线编辑工具以满足用户多样的需求,灵活运用曲线编辑工具可以提高模型质量及建模速度,本节将介绍Rhino中常用且典型的几种曲线编辑工具。

2.4.1 通过控制点编辑曲线

　　在进行曲线绘制过程中,用户很少能一次就将曲线绘制得非常精确,一般需要先绘制初始曲线,这个阶段主要是绘制出曲线的大概形态,重点是控制点的数量与分布。然后再显示曲线的控制点,通过调整控制点来改变曲线的形态到用户所需的状态。

首先使用曲线绘制工具绘制一条曲线，然后选择"显示物件控制点"命令，显示控制点，如下左图所示。然后通过调节控制点来编辑曲线，从而达到用户所需的状态，如下右图所示。

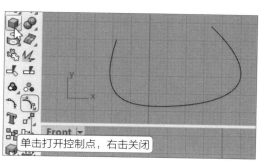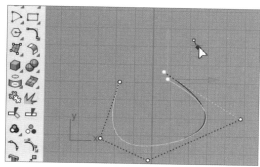

2.4.2 延伸与连接曲线

Rhino 6.9提供了多种曲线延伸的方式，用户可以选择工具栏中曲线圆角工具 ⌐ 扩展面板中的延伸曲线工具 ⌐ 集中的工具选项，如下左图所示。或者在菜单栏中执行"曲线>延伸曲线"命令，然后在其子菜单中选择所需的命令选项，如下右图所示。

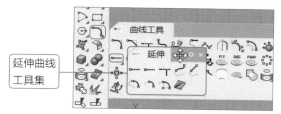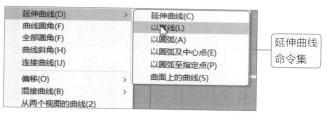

"延伸曲线"命令用于延伸曲线至选取的边界，以指定的长度延长，拖曳曲线端点至新的位置。用户可以选择"延伸曲线"命令，然后按照命令行的指示选择要延伸的曲线，按Enter键确定操作。需要注意的是，在选取曲线时，若光标靠近左边缘将由左端延伸，反之由右端延伸。此时移动光标即可发现有黑色的曲线随光标的移动而变换，这条黑色线条就是延伸的新曲线，控制鼠标的移动，按照需要延伸的形态和距离进行设置，然后单击鼠标左键以确定操作。若需要延长的是一个精确值，用户可以在命令行中输入数值精确操作，如下左图所示。延伸了一段曲线之后，若还想继续延伸曲线，不需要重复操作，也无需进行其他操作，直接在端点处单击即可继续延伸，如下右图所示。

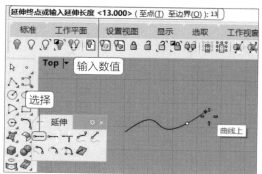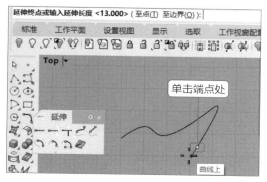

"延伸曲线至边界"命令是在"延伸曲线"命令的基础上加了边界，可以直接延伸到边界，操作更加精确。选择"延伸曲线至边界"命令后，按照命令行的提示选择要延伸到的边界，按下Enter键确认，如下左图所示。然后选取要延伸的曲线，此时曲线已经延伸到边界，然后按下Enter键完成操作，如下右图所示。

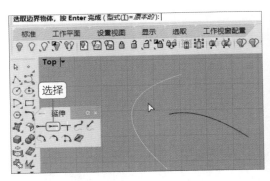 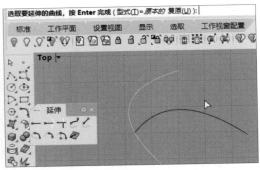

"连接"命令在延伸曲线的同时修剪延伸后曲线交点以外的部分，注意光标单击的位置不同，修剪的部分也不一样，选择"连接"命令后，按照命令行的提示选择要连接的曲线，具体操作对比如下图所示。

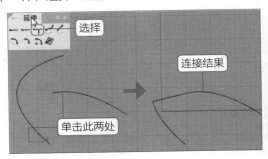 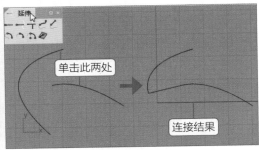

使用"延伸曲线（平滑）"命令延伸后的曲线与原曲线曲率（G2）连接。

"以直线延伸"命令延伸部分为直线。延伸后的曲线与原曲线相切(G0)连续，连续后可以利用"炸开"命令将其炸开。

"以圆弧延伸至指定点"命令延伸部分为圆弧，延伸后的曲线与原曲线相切（G1）连续，可以利用"炸开"命令将其炸开。

具体操作为：选择"延伸曲线（平滑）"命令，按照命令行的提示选择要延伸的曲线，然后按照需要延伸的形态和距离进行设置，按下Enter键确定操作，不同延伸方式产生的效果如下图所示。

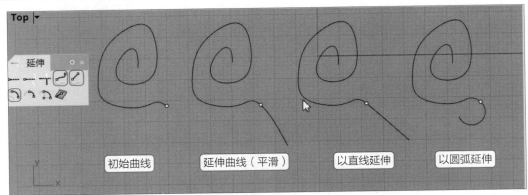

应用"以圆弧延伸（保留半径）"命令延伸部分为圆弧，产生的圆弧半径与原曲线端点处的曲率圆半径相同。具体操作为：选择"以圆弧延伸（保留半径）"命令，然后选择要延伸的曲线一端，此时移动鼠标可发现有黑色的圆环曲线随光标的移动而变换，该黑色线条就是延伸的新曲线，如下左图所示。然后按照命令行的提示输入终点或设置延伸距离，按下Enter键确定操作，如下右图所示。若要完成延伸，需要再次按下Enter键。

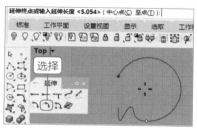 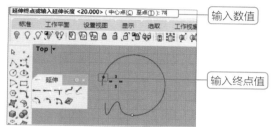

"以圆弧延伸（指定中心点）"命令用以延伸部分为圆弧，通过指定圆心的方式确定延伸后的圆弧。具体操作为：选择"以圆弧延伸（指定中心点）"命令，然后选择要延伸曲线的一端，此时按照命令行的提示输入圆弧的中心点，如下左图所示。然后输入圆弧的终点或在命令行中输入延伸距离，按下Enter键确定操作，如下右图所示。最后按下Enter键，完成操作。

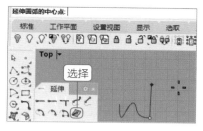 

"延伸曲面上的曲线"命令用以延伸曲面上的曲线到曲面边缘，延伸后的曲线也位于曲面上。具体操作为：选择"延伸曲面上的曲线"命令后，按照命令行的提示选取要延伸的曲线，然后选取要延伸的端点，如下左图所示。根据命令行的提示选取曲线所在的曲面，即可完成操作，如下右图所示。

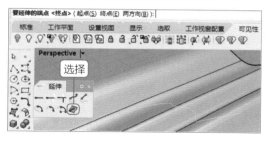 

2.4.3 偏移曲线

使用"偏移曲线"命令可以以等间隔偏移复制曲线，具体操作：选择曲线圆角工具集下"偏移曲线"命令，如下左图所示。然后按照命令行的提示，选择要偏移的曲线，按Enter键确定，可以看到下右图所示的白色线条，并且曲线上会自动出现定位点，此时用户可通过鼠标移动来确定偏移的基准位置，线条表示方向，可以在绘图区直接选取，也可以在命令行输入精确的偏移距离值后按下Enter键，如下右图所示。

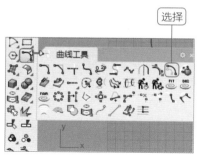 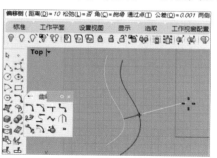

通过"偏移曲线"命令行中的相关参数更改偏移曲线的数值，例如偏移的距离、偏移曲线的形态等等，用户可根据自身模型的需求对其进行调节，如下图所示。

偏移侧（距离(D)= 10 松弛(L)=否 角(C)=锐角 通过点(T) 公差(Q)=0.001 两侧(B) 与工作平面平行(I)=否 加盖(A)=无）:|

下面将对"偏移曲线"命令行中各主要参数的含义进行介绍，具体如下。

距离：设定偏移曲线的距离。

松弛：偏移后的曲线与原曲线相同的控制点，类似于通过缩放产生的曲线。

角：当曲线中有角时，设定产生的偏移效果，下图为选择不同选项产生的效果。

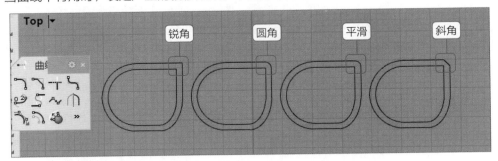

通过点：代替使用输入偏移距离的方式，通过利用鼠标设定偏移曲线要通过的点的方式进行偏移。

公差：偏移后的曲线与原曲线的距离误差的许可范围，默认值和系统公差相同，公差越小，误差越小，但是偏移后曲线的控制点越多。

两侧：选择该选项后，会同时向曲线内测与外侧偏移曲线。

与工作平面平行：偏移后的曲线与原曲线平面平行。

加盖：选择后可以在两条不封闭曲线之间加平头或圆头盖。

实战练习 建立花瓶截面曲线

学习了曲线的基础编辑操作后，下面将介绍第一章上机实训时留下的疑问，即如何创建花瓶截面曲线。下面是创建截面曲线的具体操作步骤。

步骤 01 首先在菜单栏中执行"查看>背景图>放置"命令，置入"花瓶.jpg"素材图片，如下左图所示。

步骤 02 然后在工具栏中选择"控制点曲线"命令，沿着花瓶的左外轮廓描线，第一遍不一定要描的特别完美，可以描完后通过控制点调控，描完后的曲线如下右图所示。

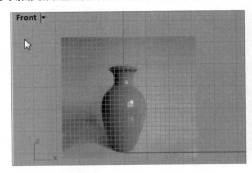 

步骤 03 因为花瓶是有厚度的，如果是一根曲线旋转出来的只是一个面，不是实体，所以这里我们要用到曲线偏移工具。在工具栏中的"曲线圆角"扩展面板中选择"偏移曲线"命令。在命令行中设置偏移值为0.3、加盖为圆头，其他设置保存默认，按下Enter键确认操作，如下左图所示。

步骤 04 然后执行"旋转成型"操作，最后的成品效果如下右图所示。

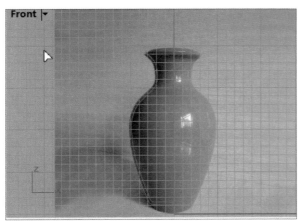

2.4.4 混接曲线

混接曲线工具可以帮助用户将两条互不接触的曲线以各种形式以及指定的连续性连接起来，下面将对混接曲线工具的具体应用进行介绍。

首先在工具栏的"曲线圆角"扩展面板中选择"可调式混接曲线"命令，如下左图所示。然后按照命令行的提示依次选择需要混接的两条曲线，选择完第一条曲线后，这条线会变成黄色紧接着又变成黑色，这是已选中的意思，此时直接单击第二条曲线即可。单击两条线之后，系统会自动混接，还会弹出下右图所示的对话框。可以看到此时曲线混接的连续性都是选择"曲率"的两个单选按钮，用户可以根据自己的需要自行设置连续性，也可手动调整曲线混接的控制点，然后确认完成操作。

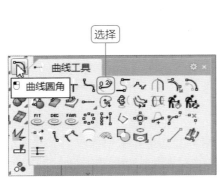
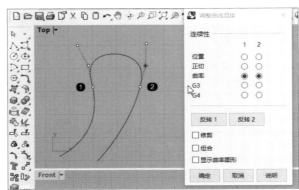

2.4.5 修剪和分割曲线

修剪和分割曲线涉及到工具栏中的修剪工具和分割工具 ，修剪与分割曲线只是这两个工具功能的一部分，还能对曲面、实体等进行修剪与分割，下面介绍对曲线进行修剪与分割的相关操作。

修剪曲线的具体操作为：首先绘制两个相交的曲线，然后选择工具栏中的"修剪"命令，按照命令行的提示选取切割用物件，按下Enter键后，选取要修剪的物件，此时以选取的切割用物件为分界线，选中的部分会被删掉，如下左图所示。

分割曲线的具体操作为：首先选择"分割"命令，然后按照命令行的提示选取要分割的物件，按下Enter键确认操作后，选取分割用物件，按下Enter键。此时以选取的分割用物件为分界线，选取的要分割物件将被分割成两部分，如下右图所示。

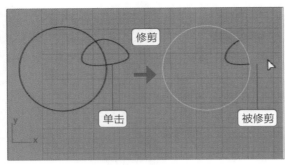
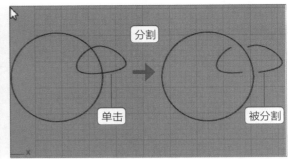

2.4.6 优化曲线

曲面是由曲线构建的，曲面质量的好坏很大程度上取决于基础曲线的质量，用户可以通过曲线之间的连续性判断曲线的质量，也可以通过曲线CV点的数目判断曲线的质量，具体介绍如下。

曲线的质量可以通过曲线连续性来界定，连续性用来描述曲线或曲面间的光顺程度，即光滑连接。曲线连续性越高，曲线的质量越好。连续性包括曲线内部的连续性与曲线间的连续性。

在Rhino中常用的连续性有位置连续（G0）、相切连续（G1）、曲率连续（G2）、G3、G4。选择工具栏中"曲线圆角"扩展面板中的"可调式混接曲线"命令，如下左图所示。再选择两条要混接的曲线，即可在"调整曲线混接"对话框中设置曲线之间的连续性，如下右图所示。

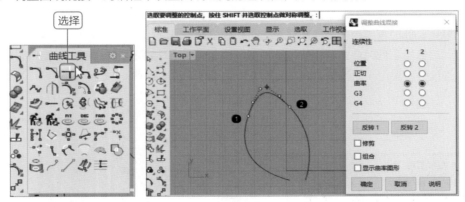

曲线CV点的数目与分布直接影响着曲线的质量。在下图中，左边曲线是三阶4个控制点的曲线，其曲率图形很光顺，说明内部连续性较好，右边曲线是在左边初始曲线的基础上微调其中两个控制点后的修整曲线形态，其曲率图形保持顺滑状态，说明调整控制点后并没有怕破坏曲线的内部连续性。

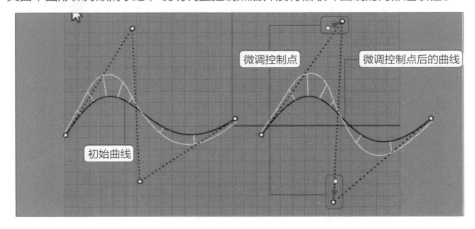

　　下图中，左边曲线是在初始曲线的基础上增加了多个控制点，但是并未对控制点调整，曲率图形还是比较光顺，但是曲率梳的密度增加，说明曲线相对初始曲线更加复杂。右边曲线是在左边曲线的基础上对其中的两个控制点进行微调来修整曲线形态，其曲率图形起伏变得复杂，说明调整控制点大大降低了曲线的内部连续性，即降低了曲线质量。

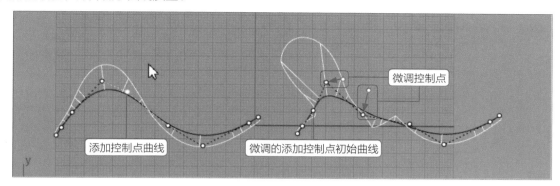

　　由此可以得出结论：曲线的控制点越少，曲线的质量越高，调整其形态对内部连续性的影响越小。在绘制曲线是，要尽量减少控制点的数目，这需要对控制点的分布做合理地规划，对形态变化较大（即曲率大）的位置可以适当增加控制点，而形态平缓位置要精简控制点。在绘制曲线时尽量减少不必要的控制点，在调整局部形态不能满足要求时，可以在该处添加控制点。

2.4.7　重建曲线

　　重建曲线工具用于建立一个相较于原曲线更复杂或更简单的曲线，区别于控制点与阶数的增加与减少。具体操作为：首先在"曲线圆角"扩展面板中选择"重建曲线"命令后，选取曲线，打开下左图所示的对话框，通过点数与阶数设置重建曲线的形状。通过下左图与下右图的对比发现，点数越高重建曲线越接近原曲线。

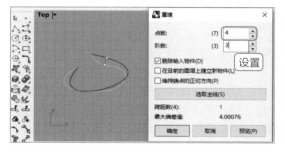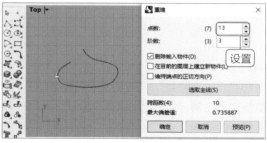

　　在"重建"对话框中设置不同的"阶数"之后，通过下左图和下右图的对比，可以看到阶数越高重建曲线越顺滑。

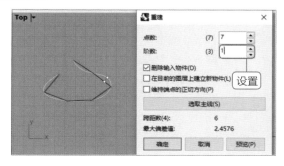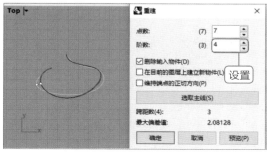

2.4.8 投影曲线

使用工具栏中的"投影曲线"命令 可以把曲线投影到曲面上。具体操作为：首先选取该命令，根据命令行的提示选取要投影的曲线，按下Enter键后，选取要投影至其上的曲面并按下Enter键完成操作，如下左图所示。下右图中黄色的曲线为投影到曲面上的曲线。

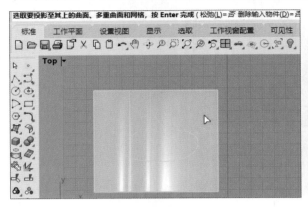 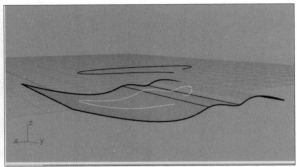

2.4.9 提取曲线

提取曲线在Rhino建模中具有很大的作用，是一个非常常用的功能。Rhino 6.9提供了提取边缘、边框、结构线等形式提取曲线。用户可以通过在工具栏的"投影曲线"扩展面板中选择"曲线提取"命令进行提取，如下左图所示。或者在菜单栏中执行"曲线>从物件建立曲线"子菜单中的命令进行曲线提取，如下右图所示。

 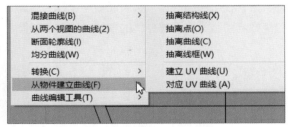

下面对"投影曲线"扩展面板中曲线提取工具的应用进行介绍，具体如下。

复制边缘工具： 用于通过复制物件的边缘来提取曲线。操作方式为：选择该工具后，根据命令行提示选择要复制的边缘，按下Enter键完成操作，如下左图所示。

复制边框工具： 用于通过复制物件的边框来提取曲线。操作方式为：选择该工具后，根据命令行提示选择要复制的边框，然后按下Enter键完成操作，如下右图所示。

 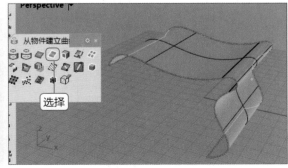

复制面的边框工具： 相比复制边框工具，复制面地边框工具可以复制多重曲面中个别曲面的边框为曲线。具体操作方式为：选择该工具后，根据命令行的提示选择要复制的边框，然后按下Enter键完成操作，如下左图所示。

抽离结构线工具： 线是由无数个点组成的，同样面也是由无数个相交的结构线组成的。抽离结构线工具通过复制面的结构线提取曲线。具体操作为：选择该工具后，根据命令行提示选择要提取结构线的曲面。在命令行中设置结构线的方向或者两个方向，在滑动的结构线中单击后进行复制，然后按下Enter键完成操作，如下右图所示。

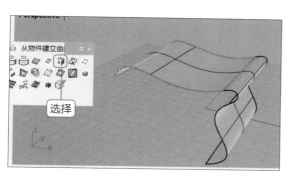

抽离线框工具： 用于复制物件的整个线框为曲线。具体操作方式为：选择该工具后，根据命令行的提示选择要提取线框的物件，按下Enter键完成操作，如下图所示。

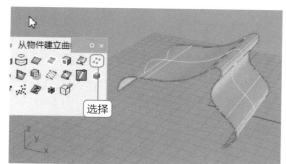
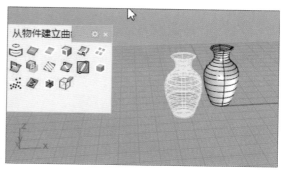

 ## 知识延伸：曲线倒角

曲线倒角分为曲线圆角和曲线斜角两种，在曲线编辑中广泛运用，是比较基础的命令。下面介绍曲线圆角与斜角工具的应用。

曲线圆角工具┑是Rhino中非常重要的工具，通常用于对模型中尖锐的边角进行圆角处理。在使用曲线圆角工具时，需要两条曲线在同一平面内。

具体操作为：首先选择工具栏中的"曲线圆角"命令，根据命令行的提示选取要建立圆角的第一条曲线，然后选取要建立圆角的第二条曲线来完成操作。

"曲线圆角"命令行中的一些选项可以更改圆角的数值，例如圆角的大小、修剪等等，用户可根据模型的需求对其进行调节，下面对这些选项的含义进行具体介绍。

选取要建立圆角的第一条曲线（半径(R)=2 组合(J)=否 修剪(T)=是 圆弧延伸方式(E)=圆弧):

半径：输入数值，设定圆角大小。注意，若圆角太大超出了修剪范围，则倒角操作可能不会实现。

组合：设定进行圆角处理后的曲线是否结合。设定为"是"，可以免去在使用"组合"工具进行结合的操作。

修剪：设定进行圆角处理后是否修剪多余部分，下图为不同修剪选项下的效果。

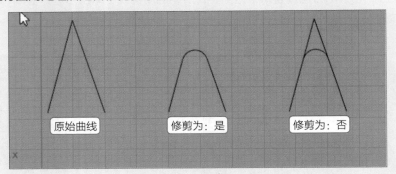

圆弧延伸方式：当要进行圆角处理的两条曲线未相交时，系统会自动延伸曲线使其相交，然后再做圆角处理。该选项用于指定曲线延伸的方式。

曲线斜角工具和曲线圆角工具的功能非常相似，其具体应用方法也与曲线圆角工具相似，唯一不同的是命令行中第一个距离与曲线圆角的半径不同，如下图所示。

选取要建立斜角的第一条曲线（距离(D)=5,13 组合(J)=否 修剪(T)=是 圆弧延伸方式(E)=圆弧):

在"曲线斜角"命令行中，设置"距离"参数时，要分别输入第一斜角距离与第二斜角距离，分别代表鼠标单击选取的第一条曲线斜切后与原来两条曲线交点的距离、第二条曲线斜切后与交点的距离，如下图所示。

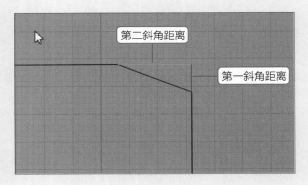

📺 上机实训：创建钥匙模型

学习了曲线的修剪、优化、混接等编辑命令后，下面将以创建生活中常见的钥匙模型为例，进行实际操作，进一步了解曲线绘制与编辑功能的具体应用，操作步骤如下。

步骤01 在每一次进行模型创建前，用户首先要分析要做的东西的具体构成，然后再考虑要怎么做。从下左图的参考图片可以看出，左边是一个扁圆柱，右边是个不规则的形状，不能一下子建成，这里就要用到本章的曲线绘制与编辑的相关操作。

步骤02 在Top视图内，首先选择工具栏中的圆工具◎来绘制一个圆，然后使用曲线工具圆绘制下右图所示的钥匙前部分轮廓线。在曲线绘制完成后，用户可以按下F10功能键打开曲线控制点，对曲线进行编辑。完成编辑后，按下F11功能键关闭控制点。

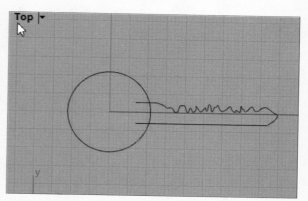

步骤03 接着使用修剪工具圆修剪钥匙轮廓线，首先按照命令行的提示先选取需要剪切的部分，按Enter键确认选取操作，如下左图所示。

步骤04 然后选取要修剪的物体，按下Enter完成修剪，如下右图所示。

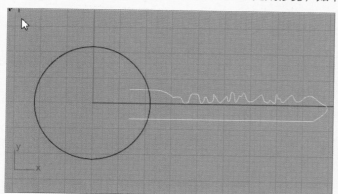
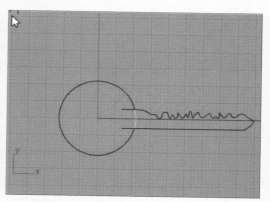

步骤05 继续执行修剪操作，按照提示选取剪切用物体，按下Enter键完成选取，如下左图所示。

步骤06 再选中右图要修剪的物体，然后按下Enter键完成修剪操作。

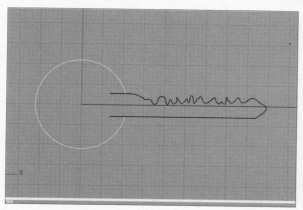
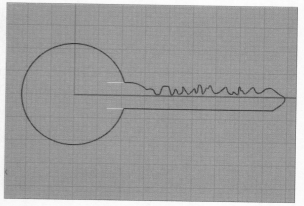

步骤07 选择工具栏中的组合工具圆，然后按照命令行的提示选取要组合的线条，如下左图所示。

步骤08 按下Enter键，命令行将出现下右图所示的提示，表示组合成功，即组合了全部线条。

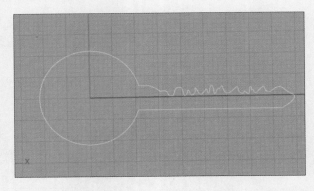

选取要组合的开放曲线，按 Enter 完成
有 2 条曲线组合为 1 条封闭的曲线。
指令：
标准   工作平面   设置视图

步骤 09 在立方体 ◼ 扩展工具面板中选择"挤出封闭的平面曲线"命令 ◼，选取线条，按下Enter键完成选取，然后在Front视图内调整成下左图所示的高度。

步骤 10 完成后的效果如下右图所示。

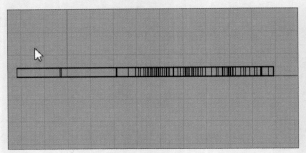

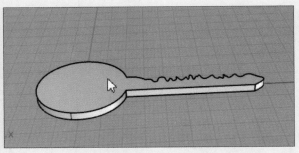

步骤 11 在Top视图上选择立方体扩展工具面板中的圆柱体工具，建立下左图所示的圆柱体。

步骤 12 然后在Front视图内调整圆柱体高度，使其大于钥匙的高度，如下右图所示。

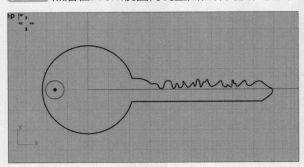

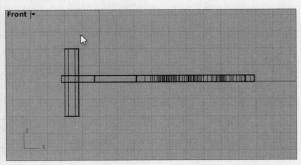

步骤 13 选择立方体，创建下左图所示的立方体。

步骤 14 这里要注意Front视图内的立方体与钥匙相交的高度大约占钥匙的一半宽度，如下右图所示。

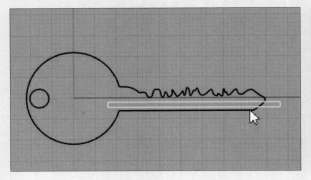

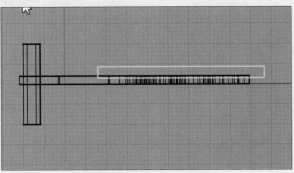

步骤 15 选择复制工具 ▦，再复制两个立方体长条，然后放在下左图所示的位置。

步骤 16 接着在Right视图内调整三根立方体的位置，如下右图所示。

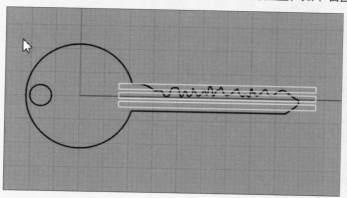 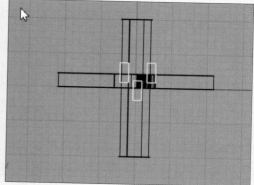

步骤 17 选择工具栏中 "布尔运算联集" ◉扩展面板中的的 "布尔运算差集" 命令◉。按照命令行的提示选取要减去的曲面或多重曲面，也就是钥匙，如下左图所示。按下Enter键完成选取。

步骤 18 然后选取要减去其他物件的曲面或多重曲面，即除了钥匙以外的物件，然后按下Enter键完成操作，如下右图所示。

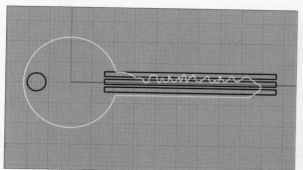 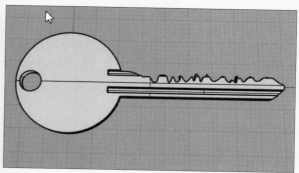

步骤 19 然后对钥匙造型进行渲染，最终效果如下图所示。

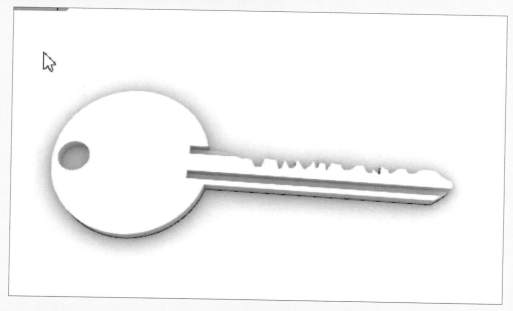

课后练习

1. 选择题

（1）在Rhino中，用户可以通过（　　）的方式新建圆。

    A. 中心点　　　　　　　　B. 直径　　　　　　　　C. 与一条曲线相切　　　D. 三点

（2）以下不是"单一直线"命令集下命令的是（　　）。

    A. 直线：角度等分线　　　B. 多重直线　　　　　　C. 直线：中点　　　　　D. 多边形：边

（3）在Rhino中，对物件进行编辑后，完成操作的快捷键为（　　）键。

    A. Alt　　　　　　　　　B. Enter　　　　　　　　C. Ctrl　　　　　　　　D. Shift

（4）在Rhino中，多边形创立内切模式下的半径是（　　）。

    A. 外切圆　　　　　　　　B. 内接圆　　　　　　　C. 外接圆　　　　　　　D. 内切圆

2. 填空题

（1）矩形可以通过＿＿＿＿＿＿、＿＿＿＿＿＿、＿＿＿＿＿＿和＿＿＿＿＿＿四个条件创建。

（2）在Rhino 6.9中，要进行文字的创建，用户可以在＿＿＿＿＿＿中选择文字物件工具，或者在＿＿＿＿＿＿菜单栏中执行命令。

（3）"多边形：边"工具用于通过多边形边的＿＿＿＿＿＿制作一个平行于工作平面的多边形。

（4）螺旋线工具与弹簧线工具都是用于绘制螺旋线，不同之处在于螺旋线工具绘制的螺旋线前后半径＿＿＿＿＿＿，弹簧线工具绘制的螺旋线前后半径＿＿＿＿＿＿。

（5）用户若右击"从焦点建立抛物线"工具，则可以为通过＿＿＿＿＿＿绘制一根确定形式的抛物线，鼠标仅可控制抛物线的长度和大小。

3. 上机题

    学习文字创建的相关操作后，用户可以利用本章所学知识创建"吉利集团"实体文字，设置文字的高度为2mm、厚度为1mm，对所学知识进行巩固。

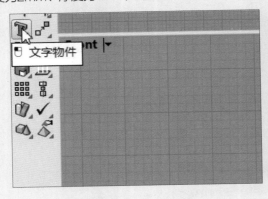 

操作提示

    （1）在工具栏中选择文字物件工具，根据需要在文本输入框中输入需要的文字，单击"字体"右侧的下拉按钮，选择所需的字体样式选项。

    （2）在"文本物件"对话框的"输出为"选项区域中选择"实体"单选按钮后，在"高度"数值框中设置文字实体的高度。

Chapter 03 曲面的创建

本章概述

本章将对Rhino软件创建曲面、以边缘创建曲面、以平面曲线创建曲面、矩形平面的创建、挤出曲线创建曲面以及旋转曲面的创建等进行详细介绍，使用户通过本章知识的学习，掌握Rhino软件的一些曲面创建的基本使用方法和操作技巧。

核心知识点

1. 了解曲面的基本要素
2. 了解创建各种曲面的种类
3. 掌握创建曲面的基本方法
4. 掌握特殊曲面的创建方法

3.1 指定三或四个角建立曲面

"指定三或四个角建立曲面"命令是通过指定曲面的三个或四个角来建立曲面。具体操作为：选取工具栏中的"指定三或四个角建立曲面"命令，然后根据命令行的提示选取曲面的第一角、第二角和第三角，如下左图所示。按下Enter键建立一个三角形的曲面，用户也可以接着指定第四个角，如下右图所示。

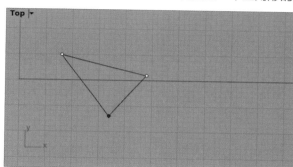
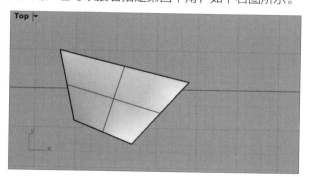

3.2 以二、三或四个边缘曲线建立曲面

"以二、三或四个边缘曲线建立曲面"命令是以两条、三条或四条曲线来建立曲面。具体操作为：选取工具栏中"指定三或四个角建立曲面"命令集下的"以二、三或四个边缘曲线建立曲面"命令，然后按照命令行的提示选取2-4条开放的曲线，如下左图所示。框选后建立曲面，如下右图所示。该工具虽然也支持以二、三个边缘创建曲面，但是创建的曲面会有奇点，应该避免这种情况的发生。

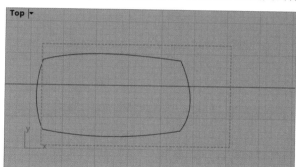
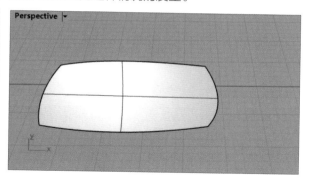

3.3　以平面曲线建立曲面

　　"以平面曲线建立曲面"命令 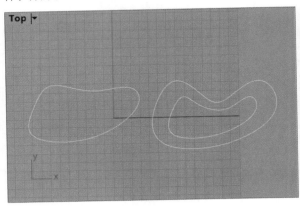 是以一条或数条可以形成封闭平面区域的曲线来为边界建立平面。具体操作为：选取工具栏中的"指定三或四个角建立曲面"命令集下的"以平面曲线建立曲面"命令，然后根据命令行的提示选取要建立曲面的平面曲线，下左图为两组平面曲线。选取后按下Enter键即可完成操作，效果如下右图所示。

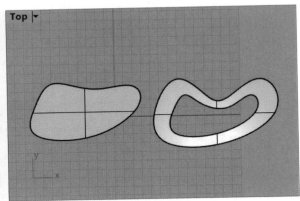

3.4　矩形平面的创建

　　矩形平面工具建立的是矩形的NURBS 平面。矩形标准平面的创建在创建标准模型时常常会用到，下面介绍矩形平面的具体创建方法。

3.4.1　两点矩形平面的创建

　　"矩形平面：角对角"命令 用于通过两个角点绘制一个平行于工作平面的矩形曲面。操作方式为：选择"矩形平面：角对角"命令后，根据命令行的提示选取平面的第一角，如下左图所示。接着指定下一角并输入长度或宽度值，如下右图所示。

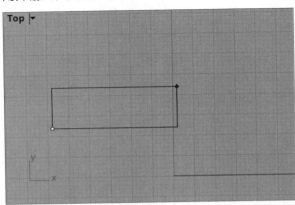
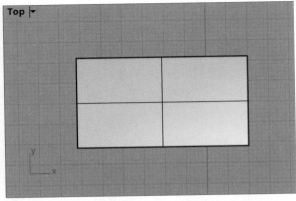

> **提示：设置"可塑性"参数**
>
> 在运用矩形平面创建曲线时，命令行中的"可塑性"参数用于设定平面 UV 方向的阶数与点数，其中U阶数 / V阶数用于设置曲面 U 和 V 两个方向的阶数；U点数 / V点数用于设置 UV 两个方向控制点的数目。

3.4.2 三点矩形平面的创建

"矩形平面：三点"命令 ▦ 用于通过一条边及对边上某点来绘制一个平行于工作平面的矩形曲面。操作方式为：选择"矩形平面：三点"命令后，先拾取两点确定矩形的宽度，如下左图所示。接着再确定该边对边上的某点来绘制矩形的长度，如下右图所示。

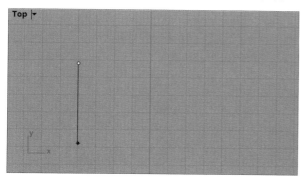 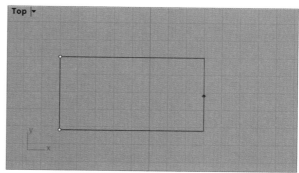

3.4.3 垂直平面的创建

"垂直平面"命令 ▦ 用于绘制垂直于工作平面的矩形，操作方式为：选择该命令后在Top视图中建立矩形平面的一条边，如下左图所示。然后在Perspective视图确定另一条边的长度，如下右图所示。即可确定建立垂直于工作平面的矩形曲面。

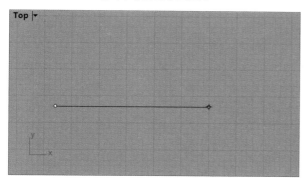 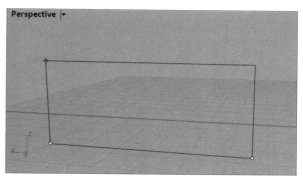

3.4.4 中心点矩形平面的创建

"矩形平面：中心点"命令用于通过中心点和角点绘制平行于工作平面的矩形，操作方式为：选择该命令后，在命令行选择中心点，点选后先拾取矩形中心点再拾取矩形角点，如下左图所示。即可绘制一个矩形，如下右图所示。

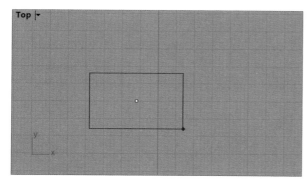 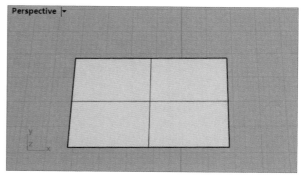

实战练习 创建轮船模型

下面我们将运用所学的曲面创建工具进行实际操作，建立简单的轮船模型，具体操作步骤如下。

步骤 01 首先打开素材文件"船线框文件"，如下左图所示。

步骤 02 打开"物件锁点"端点捕捉模式，然后选择"矩形平面：角对角"命令在窗的位置捕捉对角端点创建出右下图所示的平面。

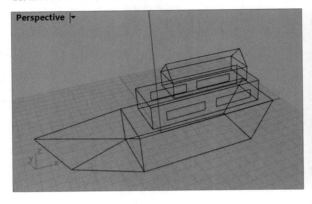
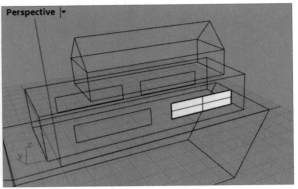

步骤 03 选择刚才的窗平面，切换到"属性"面板❶，在"图层"下拉列表❷中选择"窗"图层❸，改变曲面显示颜色，如下左图所示。

步骤 04 效果如下右图所示。

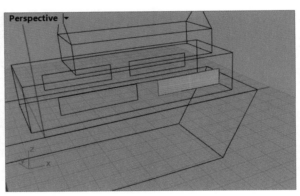

步骤 05 使用相同的方法创建剩下的窗，如下左图所示。

步骤 06 接着创建船面板的曲面，运用"以平面曲线建立曲面"命令建立船的板面，然后把图层设置为"板面"，效果如下右图所示。

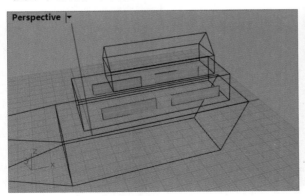
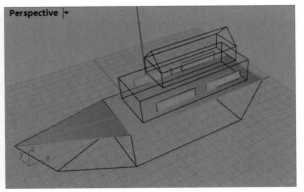

步骤 07 使用 "以二、三或四个边缘曲线建立曲面" 命令创建楼板的曲面，同时把建立的床板放入对应的图层，如下左图所示。

步骤 08 接下来可以运用 "指定三个或四个角建立曲面" 命令，创建剩下的曲面，然后参照上面的步骤把创建的曲面放入对应的图层，效果如下右图所示。

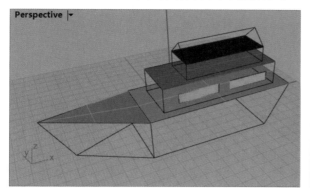
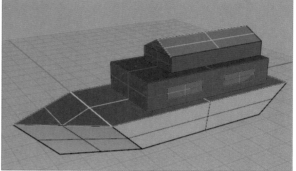

步骤 09 上面步骤之后，简单地给船上材质，渲染后的效果如右图所示。

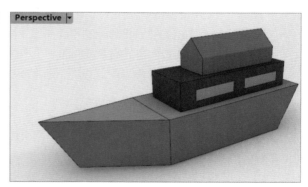

3.5 挤出曲线创建曲面

挤出曲线创建曲面命令集里的命令在建模时常常用到，是曲面创建中比较重要的工具，下左图为工具栏 "指定三或四个角建立曲面" 命令集下的 "直线挤出" 命令集，下右图为菜单栏下 "挤出曲线" 命令集下的相关命令。本节将对曲线挤出命令的应用进行详细介绍。

3.5.1 直线挤出曲面

"直线挤出" 命令用于将曲线往单一方向挤出来建立曲面。具体操作步骤为：首先选取 "直线挤出" 命令，然后根据命令行的提示选取要挤出的曲线，如下左图所示。按下Enter键完成选取操作后，指定挤出的高度，或者在命令行中输入具体挤出数值，按下Enter键完成挤出操作，效果如下右图所示。

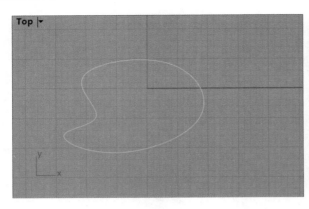 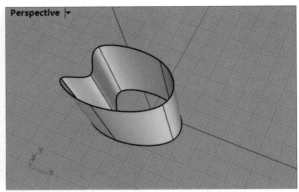

使用"直线挤出"命令时，其命令行的选项如下图所示。

挤出长度 < 23> (方向(D) 两侧(B)=否 实体(S)=是 删除输入物件(L)=是 至边界(T) 设定基准点(A)):

- **方向**：指定两个点设置方向。
- **两侧**：在起点的两侧画出物件，建立的物件长度为用户指定的长度的两倍。
- **实体**：如果挤出的曲线是封闭的平面曲线，挤出后的曲面两端会各建立一个平面，并将挤出的曲面与两端的平面组合为封闭的多重曲面。
- **删除输入物件**：若选择"是"选项，则将原来的物件从文件中删除；若选择"否"选项，则保留原来的物件。
- **至边界**：挤出至边界曲面。
- **设定基准点**：指定一个点，这个点是以两个点设定挤出距离的第一个点。

> **提示：挤出曲线注意事项**
>
> **非平面的曲线**：使用中工作视窗的工作平面 Z 轴为预设的挤出方向。
> **平面曲线**：与曲线平面垂直的方向为预设的挤出方向。
> 如果输入的是非平面的多重曲线，或是平面的多重曲线但挤出的方向未与曲线平面垂直，建立的会是多重曲面而非挤出物件。

3.5.2 沿曲线挤出曲面

"沿着曲线挤出"命令 将曲线沿着另一条曲线挤出建立曲面。具体操作步骤为：首先选取该命令然后根据命令行的提示选取要挤出的曲线按下Enter完成选取，然后选取路径曲线在靠近起点处如下左图所示。选取后完成创建创建的曲面如下右图所示。

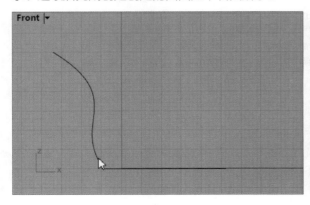 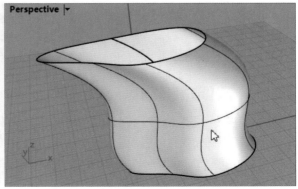

3.5.3　挤出至点曲面

"挤出至点"命令▲将曲线往单一方向挤出至一点，建立锥状的曲面。具体操作步骤为：首先选取该命令后，根据命令行的提示选取要挤出的曲线，如下左图所示，按下Enter完成操作。然后指定挤出的目标点，如下右图所示。

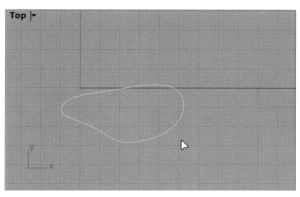 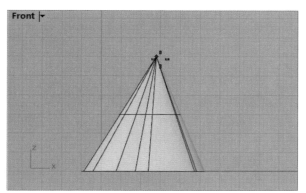

3.5.4　彩带曲面

"彩带"命令◥用于偏移曲线，并在两条曲线之间建立规则曲面。具体操作步骤为：首先选取"彩带"工具，根据命令行的提示选取要建立彩带的曲线，如下左图所示。然后选择偏移的方向，接着在命令行中设置偏移的距离，在视图中点击偏移的方向完成操作，效果如下右图所示。

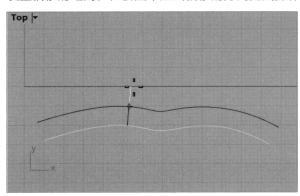 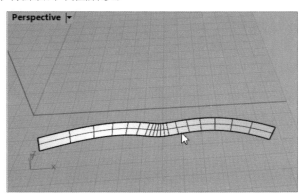

在运用"彩带"命令对曲线进行偏移操作时，命令行中的各选项如下图所示。

> 选取要建立彩带的曲线（距离(D)=5 松弛(L)=否 角(C)=锐角 通过点(T) 公差(O)=0.001 两侧(B) 与工作平面平行(I)=否 ）:

- **距离**：用以设置偏移距离。
- **松弛**："角"和"公差"选项不显示，并且对输出结果没有影响，多重曲线将作为一组相互分开的曲线来偏移，不会处理转角处的倒角。
- **角**：设置转角处偏移的连续性。
　　锐角：从转角处向外偏移的曲线将延伸到位置连续（G0）的尖角处相遇。
　　圆角：从转角处向外偏移的曲线将通过圆弧倒角，保持 G1 连续。
　　平滑：从转角处向外偏移的曲线将通过混接曲线倒角，保持 G2 连续。
　　斜角：从转角处向外偏移的曲线将在终点处通过一条直线倒角。
- **通过点**：通过选取点而不是距离值来进行偏移。

- **公差**：设定偏移曲面的公差，输入0为使用默认系统公差。
- **两侧**：将输入的曲线向两侧偏移。
- **与工作平面平行**：通过设置此选项，将在当前工作平面上偏移曲线，而不使用原始曲线所在的平面偏移曲线。

3.6 旋转曲面的创建

在使用Rhino创建花瓶、饮料瓶、烟灰缸等不规则圆柱体时，一般需要使用旋转成形命令，设置模型的截面通过旋转轴旋转成形，本节将对旋转成形的相关操作进行具体介绍。

3.6.1 旋转成形创建曲面

"旋转成形"命令是以一条轮廓曲线绕着旋转轴旋转建立曲面的。具体操作步骤为：首先选择"指定三或四个角建立曲面"命令集下的"旋转成形"命令，根据命令行的提示选取要旋转的曲线，如下左图所示。按下Enter键完成选取后，指定旋转曲线的旋转轴，如下右图所示。

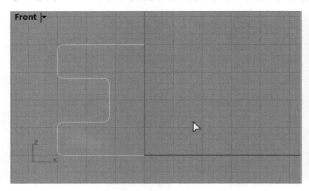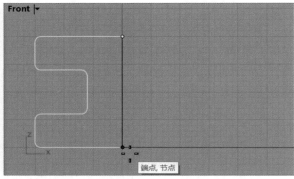

在Top视图指定旋转的起始角度，直接按下Enter键设置为默认的0度，然后指定旋转角度，如下左图所示。指定一周或者在命令行输入360后，按下Enter键完成操作，效果如下右图所示。

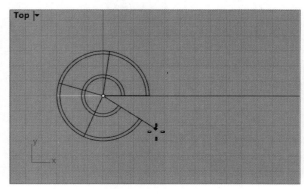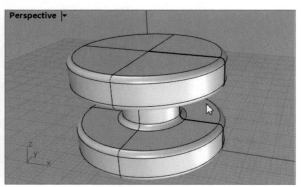

在运用"旋转成形"命令对曲线进行创建曲面时，命令行各选项如下图所示。

> 起始角度 <180>（删除输入物件(D)=否 可塑形的(F)=否 360度(U) 设置起始角度(A)=是 分割正切点(S)=否）:

- **删除输入物件**：若选择"是"选项，则将原来的物件从文件中删除；若选择"否"选项，则保留原来的物件。

- **可塑形的**：若选择"是"选项，则重建旋转成形曲面的环绕方向为三阶，为非有理（Non-Rational）曲面，这样的曲面在编辑控制点时可以平滑地变形；若选择择"否"选项，则以正圆旋转建立曲面，建立的曲面为有理（Rational）曲面，这个曲面在四分点的位置是完全重数节点，这样的曲面在编辑控制点时可能会产生锐边。
- **360度**：设置旋转角度为360度，而不必输入角度值。使用该选项后，下次再执行这个指令时，预设的旋转角度为360度。
- **设置起始角度**：若选择"是"选项，则允许设置旋转的起始角度（从输入曲线的位置算起的角度）；若选择择"否"选项，则从0度（输入曲线的位置）开始旋转。
- **分割正切点**：若选择"是"选项，则建立单一曲面；若选择择"否"选项，则在线段与线段正切的顶点将建立的曲面分割成多重曲面。

3.6.2 沿路径旋转创建曲面

右击工具栏"指定三或四个角建立曲面"命令集下的"旋转成形"命令🍸，即可转换为"沿路径旋转"命令，以一条轮廓曲线沿着一条路径曲线，同时绕着中心轴旋转建立曲面。具体操作步骤为：首先选取该命令，然后根据命令行的提示选取轮廓曲线，选取路径曲线如下左图所示。然后指定旋转轴的起点和终点，完成操作创建的多重曲面如下右图所示。

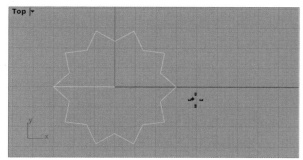
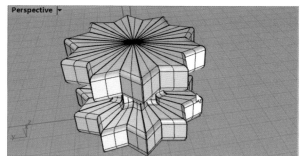

3.7 从网线建立曲面

"从网线建立曲面"命令🔅用于从网状交织的曲线建立曲面，一个方向的曲线必需跨越另一个方向的曲线，而且同方向的曲线不可以相互跨越。具体操作为：首先选取该命令，然后根据命令行的提示选取网线中的曲线，可以设置命令行的"自动排序"选项，直接框选所有曲线，如下左图所示。然后按下Enter键完成选取，此时将弹出"以网线建立曲面"对话框，用户可以对公差和边缘参数进行设置，然后单击"确定"按钮，创建的曲面如下右图所示。

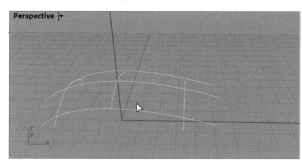
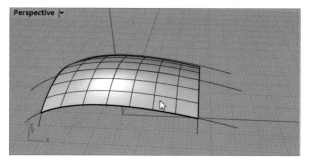

下面对"以网线建立曲面"对话框中各参数的含义进行介绍，具体如下。

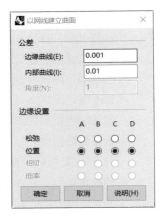

- **边缘曲线**：设定边缘曲线的公差，建立的曲面与输入的边缘曲线之间的误差会小于这个设定值。
- **内部曲线**：设定内部曲线的公差，建立的曲面与输入的内部曲线之间的误差会小于这个设定值。

输入的边缘曲线与内部曲线的位置差异大于公差时，指令会折衷计算建立曲面。

- **角度**：如果输入的边缘曲线是曲面的边缘，而且选择的是让建立的曲面与相邻的曲面以正切或曲率连续相接时，两个曲面在相接边缘法线方向的角度误差会小于这个设定值。
- **松弛**：建立的曲面边缘以较宽松的精确度逼近输入的边缘曲线。
- **位置/相切/曲率**：设定边缘的连续性。

3.8 嵌面的创建

"嵌面"命令用于建立逼近曲线、网格、点物件或点云的曲面。具体操作为：首先选取该命令，然后根据命令行的提示选取曲面要逼近曲线、点、点云或网格，选取下左图所示的曲线。按下Enter键完成选取，此时会弹出"嵌面曲面选项"对话框，进行相关参数设置后单击"确定"按钮完成操作，创建的曲面如下右图所示。

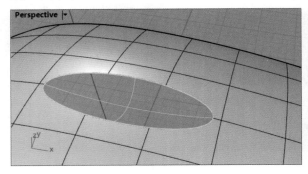 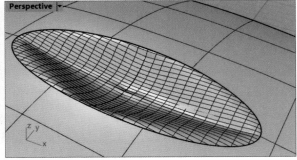

下面对"嵌面曲面选项"对话框中各参数的含义进行介绍，具体如下。

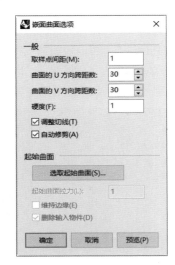

- **取样点间距**：放置输入曲线上间距很小的取样点，最少数量为一条曲线放置八个取样点。
- **曲面的U方向跨距数**：设定曲面U方向的跨距数。当起始曲面为UV都是一阶的平面时，指令也会使用这个设定。
- **曲面的V方向跨距数**：设定曲面V方向的跨距数。当起始曲面为UV都是一阶的平面时，指令也会使用这个设定。
- **硬度**：Rhino在建立嵌面的第一个阶段会找出与选取的点、曲线上的取样点最符合的平面，再将平面变形逼近选取的点与取样点。该值用于设定平面的变形程度，设定数值越大曲面"越硬"，得到的曲面越接近平面。
- **调整切线**：勾选该复选框，如果输入的曲线为曲面的边缘，建立的曲面可以与周围的曲面正切。

- **自动修剪**：勾选该复选框，试着找到封闭的边界曲线，并修剪边界以外的曲面。
- **选取起始曲面**：单击该按钮，可以选取一个起始曲面，然后事先建立一个与想建立的曲面形状类似的曲面作为起始曲面。
- **起始曲面拉力**：与硬度设定类似，但是作用于起始曲面，设定值越大，起始曲面的抗拒力越大，得到的曲面形状越接近起始曲面。
- **维持边缘**：勾选该复选框，可以固定起始曲面的边缘，该复选框适用于以现有的曲面逼近选取的点或曲线，但不会移动起始曲面的边缘。

3.9 单轨扫掠创建曲面

"单轨扫掠"命令 旨在沿着一条路径扫掠，通过数条定义曲面形状的断面曲线建立曲面。具体操作为：首先选择该工具后，根据命令行的提示选取路径，然后选取断面曲线，如下左图所示。按下Enter键完成选取，此时将弹出"单轨扫掠选项"对话框，用户可以根据需要进行相关参数设置，然后单击"确定"按钮完成操作，创建的曲面如下右图所示。

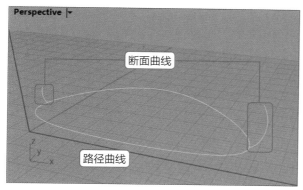
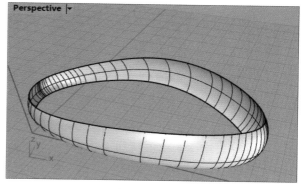

下面对"单轨扫掠选项"对话框中各参数的含义进行介绍，具体如下。

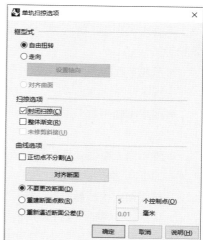

- **自由扭转**：选择该单选按钮，扫掠建立的曲面会随着路径曲线扭转。
- **走向**：选择该单选按钮，可以计算断面旋转走向的轴，这个轴并不是不变的，而是取决于路径的计算。
- **设置轴向**：单击该按钮，可以设置走向的轴向方向。
- **对齐曲面**：选择该单选按钮，路径曲线为曲面边缘时，断面曲线扫掠时相对于曲面的角度维持不变。如果断面曲线与边缘路径的曲面正切，建立的扫掠曲面也会与该曲面正切。该单选按钮仅适用于使用曲面边缘作为路径。
- **封闭扫掠**：勾选该复选框，当路径为封闭曲线时，曲面扫掠过最后一条断面曲线后会再回到第一条断面曲线。用户至少需要选取两条断面曲线才能使用该复选框。
- **整体渐变**：勾选该复选框，曲面断面的形状以线性渐变的方式从起点的断面曲线扫掠至终点的断面曲线。未勾选该复选框时，曲面的断面形状在起点与终点附近的形状变化较小，在路径中的变化较大。

- **未修剪斜接：** 勾选该复选框后，如果建立的曲面是多重曲面，多重曲面中的个别曲面都是未修剪的曲面。
- **正切点不分割：** 勾选该复选框，创建扫掠之前先重新逼近路径曲线。
- **对齐断面：** 单击该按钮，可以反转曲面扫掠过断面曲线的方向。
- **不要更改断面：** 选择该单选按钮，在不更改断面线形状的前提下创建扫掠。
- **重建断面点数：** 选择该单选按钮，在扫掠之前重建断面曲线的控制点。
- **重新逼近断面公差：** 选择该单选按钮，创建扫掠之前先重新逼近断面曲线。

3.10 双轨扫掠创建曲面

"双轨扫掠"命令🔧旨在沿着两条路径扫掠通过数条定义曲面形状的断面曲线建立曲面。具体操作为：首先选择该工具，根据命令行的提示选取两条路径曲线，然后选取断面曲线，如下左图所示。按下Enter键完成选取时，会弹出"双轨扫掠选项"对话框，用户可以根据需要进行相关参数设置，然后单击"确定"按钮完成操作，创建的曲面如下右图所示。

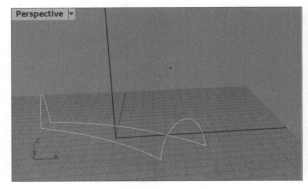 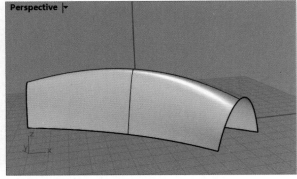

下面对"双轨扫掠选项"对话框中各参数的含义进行介绍，具体如下。

- **不要更改断面：** 选择该单选按钮，在不更改断面线形状的前提下创建扫掠。
- **重建断面点数：** 选择该单选按钮，在扫掠之前重建断面曲线的控制点。
- **重新逼近断面公差：** 选择该单选按钮，创建扫掠之前会重新逼近断面曲线。
- **维持第一个断面形状：** 使用正切或曲率连续计算扫掠曲面边缘的连续性时，建立的曲面可能会脱离输入的断面曲线，勾选该复选框，可以强迫扫掠曲面的开始边缘符合第一条断面曲线的形状。
- **维持最后一个断面形状：** 与"维持第一个断面形状"复选框不同的是，该复选框可以强迫扫掠曲面的开始边缘符合最后一个断面曲线的形状。

- **保持高度**：勾选该复选框，在断面曲线扫掠时，高度不随路径曲线之间宽度的变化而变化。默认情况下高度也会随之变化。
- **正切点不分割**：勾选该复选框，创建扫掠之前先重新逼近路径曲线。
- **"边缘连续性"选项区域**：只有路径是曲面边缘并且断面曲线是非有理时该选项区域才可用。换句话说，只有所有控制点的权重都是1时，才能使用该选项区域的参数。精确的圆弧以及椭圆形都是有理的曲线。
- **位置/相切/曲率**：设定边缘的连续性。
- **封闭扫掠**：勾选该复选框后，封闭扫掠当路径为封闭曲线时，曲面扫掠过最后一条断面曲线后会再回到第一条断面曲线。用户至少需要选取两条断面曲线才能使用该复选框。
- **加入控制断面**：单击该按钮，加入额外的断面曲线，控制曲面断面结构线的方向。

3.11 放样曲面的创建

　　"放样"命令 用于建立一个通过数条断面曲线的放样曲面。具体操作为：首先选取该命令，根据命令行的提示选取要放样的曲线后按下Enter键完成选取，接着移动曲线接缝点，将所有接缝对齐，如下左图所示。然后按下Enter键完成操作，此时会弹出"放样选项"对话框，用户可以根据需要进行相关的参数设置，然后单击"确定"按钮完成操作，创建的曲面如下右图所示。

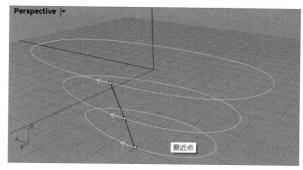
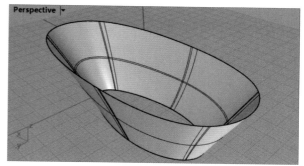

　　下面对"放样选项"对话框中各参数的含义进行介绍，具体如下。

- **样式**：单击该下拉按钮，在下拉列表中选择不同的选项决定曲面的节点与控制点的结构。放样时如果有断面的端点相接，放样的样式可能会被限制为平直区段或可展开的，避免建立自我交集的曲面。

　　松弛：将在曲面原始的控制点位置创建曲面控制点，如果要稍后再编辑控制点，这是一个不错的选择。

　　法线：曲面在曲线之间具有平均的伸展量，当曲线以相对较直的路径延展或者曲线之间有很大的空间时，这是一个不错的选择。

　　平直区段：创建一个规则曲面，曲线之间的部分是平直的。

　　紧绷：曲面紧贴原本的输入曲线，当输入曲线在角落附近时，这是一个很好的选择。

　　均匀：使物件节点向量均匀化。

- **封闭放样**：勾选该复选框，建立封闭的曲面，曲面在通过最后一条断面曲线后会再回到第一条断面曲线，该复选框必需要有三条或以上的断面曲线才可以使用。

● **与起始端边缘相切/与结束端边缘相切**：如果第一条（最后一条）断面曲线是曲面的边缘，放样曲面可以与该边缘所属的曲面形成正切，这两个复选框必需要有三条或以上的断面曲线才可以使用。

● **对齐曲线**：单击该按钮，点选断面曲线的端点处，可以反转曲线的对齐方向。

● **不要简化**：选择该单选按钮，不要重建断面曲线。

● **重建点数**：选择该单选按钮，放样前先以设定的控制点数重建断面曲线。

● **重新逼近公差**：选择该单选按钮，以设定的公差重新逼近断面曲线。

　　在运用"放样"工具建立曲面时，命令行中的"点"选项表示放样的开始与结束断面可以是指定的点。以点开始或结束放样并非一定要用点物件，但是建议创建点物件用来锁定做参考。具体操作为：首先选取曲线，如下左图所示。然后在放样的起点或终点单击命令行中的"点"选项，捕捉指定的点物件做为起点或终点断面。接下来与普通放样一样设置参数后单击"确定"按钮完成创建，如下右图所示。

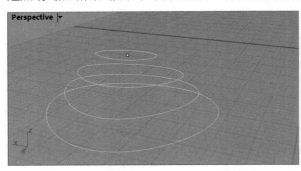 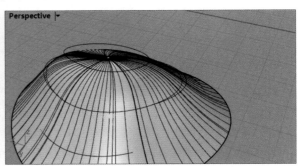

　　在运用"放样"命令建立曲面调整接缝时，命令行中各选项如下图所示。

移动曲线接缝点，按 Enter 完成（反转(F) 自动(A) 原本的(N)）：

反转：反转曲线的方向。

自动：自动调整曲线接缝的位置及曲线的方向。

原本的：以原来的曲线接缝位置及曲线方向运行。

知识延伸：在物件上产生布帘曲面

　　"在物件上产生布帘曲面"命令可以将矩形的点物件阵列往使用中工作平面的方向投影到物件上，以投影到物件上的点做为曲面的控制点建立曲面。具体操作为：首先选取该命令，然后根据命令行的提示框选要产生布帘的范围，如下左图所示。移去实体后的效果如下右图所示。

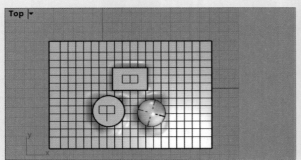 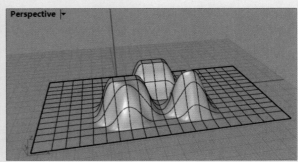

在运用"在物件上产生布帘曲面"工具创建曲面时，命令行各选项如下图所示。

> 框选要产生布帘的范围（自动间距(A)=是 间距(S)= 10 自动侦测最大深度(U)=是）:

- **自动间距**：若选择"是"选项，则布帘曲面的控制点以间距选项的设定值平均分布，这个选项的数值越小，曲面结构线密度越高。
- **间距**：设定控制点的间距。
  - **否**：自订控制点的间距。
  - **U/V**：设定布帘曲面 UV 方向的控制点数。
- **自动侦测最大深度**：若选择"是"选项，则自动判断矩形范围内布帘曲面的最大深度；若选择"否"选项，则自定深度。

📷 上机实训：创建落地窗造型

学习了曲面创建相关命令的应用后，下面以创建扭转水杯模型的实例，加深对所学知识的理解与巩固，具体步骤如下。

步骤 01 首先建立水杯的轮廓线，运用上一章学过的圆命令在Top视图建立直径分别为90mm、85mm、60mm、55mm四个圆曲线，如下左图所示。

步骤 02 然后在Front视图移动到下右图所示位置，上面两个大圆为杯口，下面两个小圆为杯底，杯子高为100mm，杯底内圈比外圈高4mm。

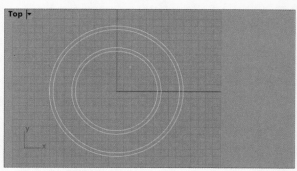 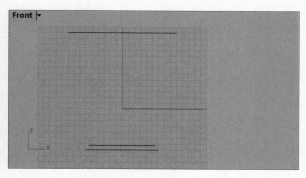

步骤 03 运用"多重直线"命令以圆心为起点建立角度为30的夹角，如下左图所示。

步骤 04 打开"物件锁点"和"交点"捕捉模式，运用圆弧绘制下右图所示的曲线。

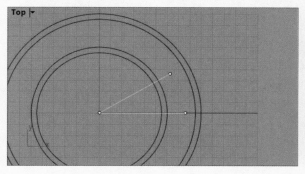 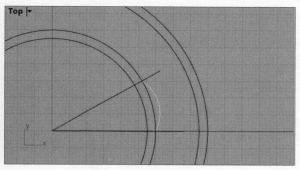

步骤 05 运用"环形阵列"命令将上一步创建的圆环曲线，沿圆心阵列一圈，数量为12，并把其他线删掉，如下左图所示。

步骤 06 在每个圆环曲线之间运用"曲线圆角"命令建立圆角，并将它们组合，如下右图所示。

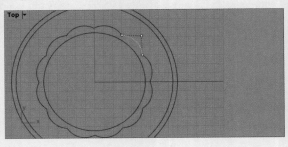
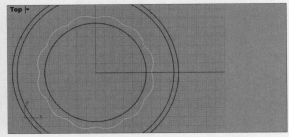

步骤 07 接着建立杯子外层，首先运用"放样"命令选择直径为90mm的圆以及上一步造好的曲线，然后移动接缝点，两个接缝点差距越大创建的水杯外层越扭曲，如下左图所示。

步骤 08 调整接缝点后按下Enter键，将弹出"放样选项"对话框，设置样式为"松弛"，其他参数保持默认设置，单击"确定"按钮查看创建效果，如下右图所示。

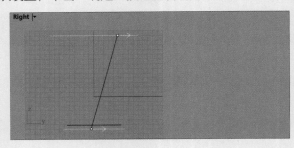

步骤 09 再次运用"放样"命令创建水杯的内层并运用"以平面曲线建立曲面"命令将内层底部封口，如下左图所示。

步骤 10 运用下一章将要介绍的"混接曲面"命令创建杯口，如下右图所示。

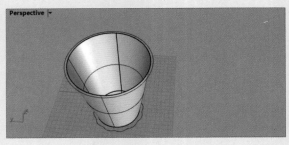
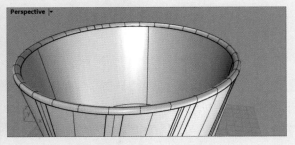

步骤 11 再次运用"混接曲面"命令将杯底内层与外层连接，如下左图所示。

步骤 12 整体做好后，给杯子应用一个简单的材质，效果如下右图所示。

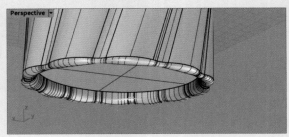

课后练习

1. 选择题

（1）"指定三或四个角建立曲面"命令是通过指定曲面的（　　）角建立曲面。

    A. 最少三个　　　　　　　　　　　　　B. 三个或四个

    C. 两个　　　　　　　　　　　　　　　D. 四个或五个

（2）"以平面曲线建立曲面"命令是以一条或数条可以形成（　　）的曲线为边界建立平面。

    A. 平面区域　　　　　　　　　　　　　B. 封闭的区域

    C. 封闭的曲面区域　　　　　　　　　　D. 封闭的平面区域

（3）"挤出至点"命令可以将曲线往单一方向挤出至（　　），建立锥状的曲面。

    A. 直线　　　　　　　　　　　　　　　B. 指定点

    C. 边界　　　　　　　　　　　　　　　D. 一点

（4）在创建花瓶、饮料瓶、烟灰缸等不规则圆柱体时可以用到（　　）命令。

    A. 旋转成形　　　　　　　　　　　　　B. 挤出至点

    C. 沿曲线挤出曲面　　　　　　　　　　D. 矩形平面：垂直

2. 填空题

（1）以二、三或四个边缘曲线创建曲面命令以＿＿＿＿＿、＿＿＿＿＿或＿＿＿＿＿曲线建立曲面。

（2）"单轨扫掠"命令旨在沿着＿＿＿＿＿扫掠通过数条定义曲面形状的＿＿＿＿＿建立曲面。

（3）"双轨扫掠"命令旨在沿着＿＿＿＿＿扫掠通过数条定义曲面形状的＿＿＿＿＿建立曲面。

（4）"在物件上产生布帘曲面"命令可以将＿＿＿＿＿阵列往使用中工作平面的方向投影到物件上，
　　　以投影到物件上的点做为曲面的控制点建立曲面。

3. 上机题

    学习曲面创建相关操作后，用户可以利用本章所学知识创建"梨"造型。首先建立梨轮廓，如下左图所示。根据操作提示创建"梨"造型并进行渲染，效果如下右图所示。

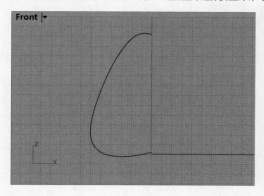

操作提示

    （1）首先运用"多重曲线"命令建立"梨"的轮廓线；

    （2）运用"旋转成形"命令以绿轴为旋转轴旋转出"梨"造型；

    （3）运用"圆管"命令建立梨的果蒂部分，即可完成创建。

Chapter 04　曲面的编辑

本章概述

Rhino 6.9提供了丰富的曲面编辑工具以满足不同曲面造型的需求。对于曲面的编辑，用户不仅可以进行切割、分割、组合、混接、偏移、倒圆角、衔接及合并等操作，还可以对曲面边缘进行分割和合并。本章将对常用的曲面编辑工具进行介绍。

核心知识点

❶ 了解曲面的延伸、混接、衔接操作
❷ 掌握曲面的连接、偏移操作
❸ 掌握曲面的重建操作
❹ 学会控制点编辑曲线操作
❺ 掌握曲面的检测与分析操作

4.1　曲面的延伸

　　曲面的延伸操作主要是通过曲面边缘来延伸曲面，可以分为未修剪曲面的延伸和已修建曲面的延伸，本节将介绍这两种延伸的具体方法。

4.1.1　未修剪曲面的延伸

　　"延伸曲面"命令用于通过移动曲面的边缘将曲面延长。具体操作为：先选取工具栏中"曲面圆角"命令集下的"延伸曲面"命令，此时命令行如下左图所示。根据命令行提示选取要延伸的边缘，然后可以通过鼠标在操作框里单击设置延伸距离，如下右图所示。用户也可以通过在命令行中设置具体的数值，然后按下Enter键完成精确延伸操作。

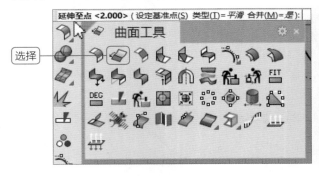

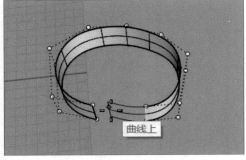

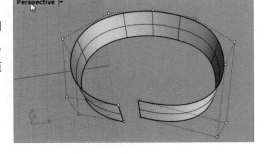

　　通过曲面延伸操作后的效果，如右图所示。

　　选择工具栏中"曲面圆角"命令集下的"延伸曲面"命令后，对应的命令行中各选项的含义介绍如下。

- **设定基准点**：指定一个点，这个点是以两个点设定延伸距离的第一个点。
- **类型**：有"平滑"与"直线"两个选项。
  - **平滑**：从边缘平滑的延伸曲面。
  - **直线**：以直线形式延伸曲面。
- **合并**：包含"是"和"否"两个选项，若选择"是"选项，则延伸部分将与原始曲面合并；若选择"否"选项，则延伸部分将成为单独的曲面。

4.1.2 已修剪曲面的延伸

已修剪曲面的延伸也是应用"延伸曲面"命令，通过移动曲面的边缘将曲面延长。不同的是，如果曲面是修剪过的，延伸曲面时会暂时显示完整的曲面，如下左图所示。其他的操作与未修剪曲面相同，完成操作后的效果如下右图所示。

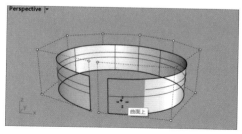 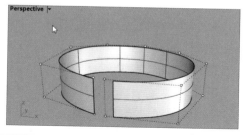

提示：其他调用"延伸曲面"命令的方法

- 在菜单栏执行"曲面>延伸曲面>延伸曲面"命令；
- 在"曲面工具"工具栏中选择"延伸曲面"工具；
- 在命令行中输入ExtendSrf命令。

4.2 曲面的连接

"连接曲面"是曲面编辑中一个比较重要的命令，广泛应用于模型创建过程中。用户可以在工具栏中的"曲面圆角"命令集下选择"连接曲面"命令，如下左图所示。或者在菜单栏中执行"曲面>连接曲面"命令，如下右图所示。本节将对曲面连接的操作方式进行介绍。

首先在工具栏中选择"连接曲面"命令，然后根据命令行的提示，选取要连接的第一个曲面边缘以及要连接的第二个曲面边缘，若选取的两个曲面有交集，则完成操作，如下左图所示。两个曲面延伸后未交集的部分会以交线的延伸线修剪，如下右图所示。若选取的两个曲面没有交集，则必需再选取要延伸的边缘。

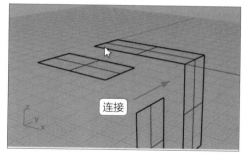 

4.3　曲面的偏移

　　"偏移曲面"命令用于以指定的间距偏移曲面，是Rhino建模中常用的一项功能，由于曲面偏移的形式多变，有时候偏移曲面并不能达到想要的效果。本节将介绍等距离偏移曲面的几种形式。

　　首先在工具栏的"曲面圆角"命令集下选择"偏移曲面"命令，如下左图所示。然后按照命令行的提示选取要偏移的曲面，按下Enter键确认操作后，用户会发现模型上面有一排白色的小箭头，这些箭头表示曲面偏移的方向，如下右图所示。

 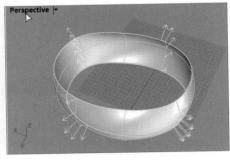

　　如果想要的不是系统设定的方向，可以在命令行中选择"全部反转"选项，更改成相反的方向，如下图所示。

　　选取要反转方向的物体，按 Enter 完成（距离(D)=15 角(C)=圆角 实体(S)=否 松弛(L)=是 两侧(B)=否 全部反转(F)）：　　选择

　　要设置平移的距离，用户可以在命令行中选择"距离（D）"选项，直接输入数值，如下图所示。

　　选取要反转方向的物体，按 Enter 完成（距离(D)=15 角(C)=圆角 实体(S)=否 松弛(L)=是 两侧(B)=否 全部反转(F)）：

　　设置完成后按下Enter键，完成偏移操作，偏移前后的对比效果如下图所示。

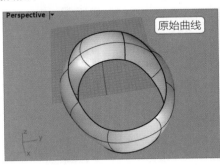 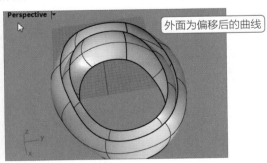

　　在"偏移曲面"命令行中的"两侧"选项包含"是"和"否"两个选项。选择"否"选项即为上图的效果；若选择"是"选项并按下Enter键，效果如下左图所示。

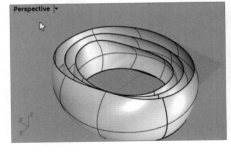 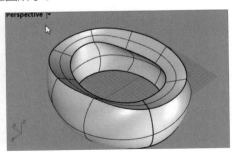

上面的效果是将曲面偏移了一定的距离，如果想将曲面偏移成实体，用户可以在命令行中选择"实体"选项为"是"，然后按下Enter键确认操作，效果如上右图所示。对应的命令行如下图所示。

> 选取要反转方向的物体，按 Enter 完成（距离(D) = 15 角(C) = 圆角 实体(S) = 是 松弛(L) = 是 两侧(B) = 是 删除输入物件(T) = 是 全部反转(F)）:

实战练习 创建家用瓷碗模型

在Rhino中，创建瓷碗的方法有好多种，不同的创建方法有不同的特色，下面介绍应用"偏移曲面"命令创建家用瓷碗模型的操作方法，具体步骤如下。

步骤 01 首先使用曲线命令绘制瓷碗的半轮廓线，如下左图所示。

步骤 02 然后在工具栏中选择"指点两个或三个角建立曲面"命令集下的"旋转成型"命令，根据命令行的提示以绿色轴为旋转轴，旋转出曲面，效果如下右图所示。

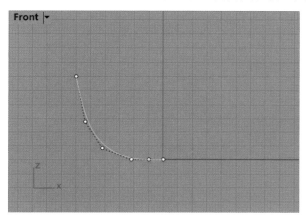
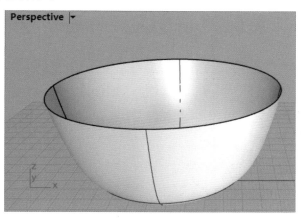

步骤 03 选择工具栏中的"偏移曲面"命令，在命令行中设置"距离"为3mm，选择"实体"为"是"，为刚创建的曲面增加厚度，如下左图所示。

步骤 04 然后按下Enter键确认操作，效果如下右图所示。

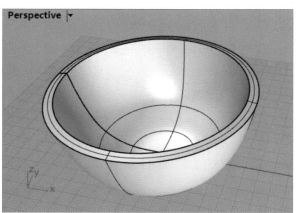

步骤 05 此时瓷碗的大体形状已经完成，接下来给瓷碗增加一些细节。首先为碗口倒圆角，这里涉及到以后要介绍的命令，用户可以先试着学习一下，首先在工具栏的"布尔运算交集"命令集下选择"边缘圆角"命令，如下左图所示。

步骤 06 在命令行中设置"下一个半径"为1.5mm，然后按照命令行的提示选择要建立圆角的边缘，按下Enter键完成操作，效果如下右图所示。

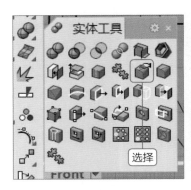
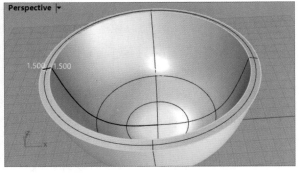

步骤 07 接下来制作碗底部分，首先应用"抽离结构线"命令 ，抽离下左图所示的结构线。

步骤 08 然后选择工具栏中"布尔运算交集"命令集下的圆管工具，在命令行中设置半径为2mm，按下Enter键完成设置，此时命令行弹出设置下一半径的提示，不设置直接按下Enter键完成操作，效果如下右图所示。

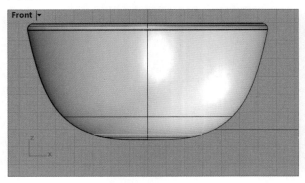
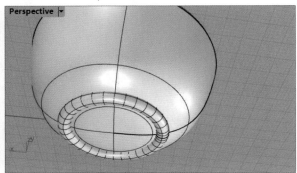

步骤 09 此时家用瓷碗模型已经创建完成，效果如下左图所示。

步骤 10 简单地为瓷碗添加一个材质，最终效果如下右图所示。

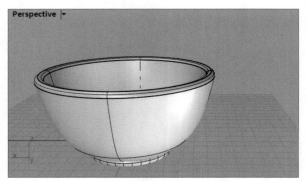

4.4 曲面的对称

应用Rhino的"镜像"命令可以快速准确地实现对象的对称复制操作，该命令在对称模型的创建时常常用到，是较常用的工具。用户可以在工具栏中的"移动"命令集下选择"镜像"命令，如下左图所示。然后根据命令行的提示选取要镜像的物件，按下Enter键确认操作，再根据提示选取对称轴的起点和终点，完成曲面的镜像操作，如下右图所示。

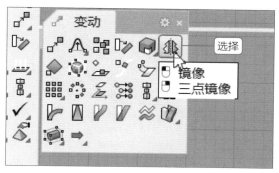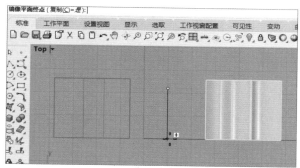

4.5 曲面的混接

执行曲面混接操作可以在两个曲面边缘不相接的曲面之间生成新的混接曲面，新的混接曲面可以以指定的连续性与原曲面衔接。在Rhino中，"双轨扫掠"、"以网线建立曲面"等常用的曲面命令最多只能达到G2连续，而"混接曲面"命令可以达到G3、G4连续。

4.5.1 混接曲面

首先建立下左图所示的素材曲面，然后在工具栏中的"曲面圆角"命令集下选择"混接曲面"命令，如下右图所示。

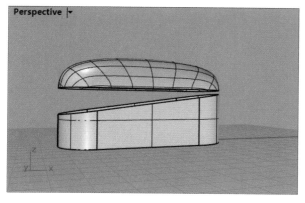

接着按照命令行的提示选取要连接的两个曲面边缘，然后对混接曲面的曲线进行调整，如下左图所示。一般来说对称的对象最好将曲线接缝放置在物件的中轴处，以便获得更整齐的结构线。调整完屋面接缝后，按下Enter键，会弹出下右图所示的"调整曲面混接"对话框，在该对话框中可以设置曲面之间的连续性。

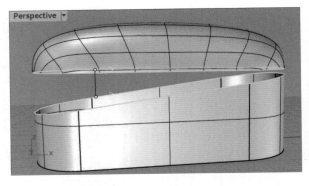
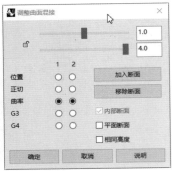

在选择"混接曲面"命令对混接曲面的曲线进行调整时，对应的命令行如下图所示。

移动曲线接缝点，按 Enter 完成（反转(F) 自动(A) 原本的(N)）:

当生成的结构线过于扭曲时，用户可以在"混接曲面"命令行中选择"平面断面"、"移除断面"与"加入断面"选项，来修正结合线。默认情况下，混接曲面的断面曲线会随着两个曲面边缘之间的距离进行缩放，设置"相同高度"选项可以限制断面曲线的高度不变。此外，用户可以通过手动调整混接断面曲线的控制点来改变形态，也可以在"调整曲面混接"对话框中通过拖动滑块来调整形态。

4.5.2　不等距曲面混接

"不等距曲面的混接"命令可以在两个曲面边缘相接的曲面间生成半径不等的混接曲面。和"混接曲面"命令不同的是，"不等距曲面混接"命令只能生成G2连续的曲面。

首先在工具栏中的"曲面圆角"命令集下选择"不等距曲面圆角" 命令并右击，如右图所示。

此时可以先在命令行中设置要混接的半径大小，然后根据命令行的提示选取要执行不等距曲面混接的两个相交曲面中的一个和要进行不等距曲面混接的第二个相交曲面，命令行如下图所示。

选取要编辑的混接控制杆，按 Enter 完成（新增控制杆(A) 复制控制杆(C) 设置全部(S) 连结控制杆(L)=是 路径造型(R)=滚球 修剪并组合(T)=是 预览(P)=否）:

然后用户可以通过选择命令行中的"新增控制杆(A)"选项并设置每个半径值，如右图所示。接着在命令行中选择"预览"选项，查看是否是期望的效果。若是，按下Enter键完成操作。

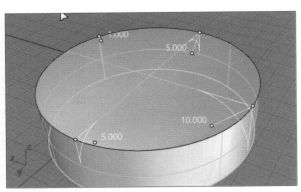

下面将对"不等距曲面圆角" 命令对应的命令行中各选项的含义进行介绍，具体如下。

- **新增控制杆：** 选择该选项后，可在视图中需要变化的位置单击增加控制杆。

- **复制控制杆：** 选择该选项后，可在视图中单击已有的控制杆，然后指定新的位置复制控制杆。

- **移除控制杆：** 选择该选项后，可在视图中单击已有的控制杆，删除该处的控制杆。

- **设置全部：** 选择该选项后，可以统一设置所有的控制杆半径大小。

- **连结控制杆：** 默认为"否"。若选择"是"，则调整任意一个控制杆的半径时，其他的控制杆也会以相同的比例进行调整。

● **路径造型**：选择该选项后，命令行如下图所示。

路径造型 <滚球> (与边缘距离(D) 滚球(R) 路径间距(I)):

"路径造型"下包含"与边缘距离"、"滚球"和"路径间距"3个选项可供选择，这3个选项的示意如下图所示。

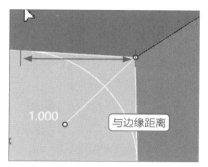
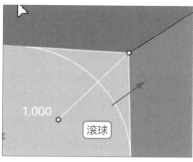
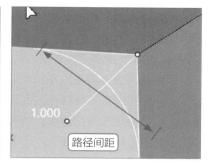

在视图中单击控制杆的不同控制点，可以分别设置控制杆的半径大小与位置，如右图所示。

修剪并组合：当选择该选项为"是"时，可以在完成混接曲面后修剪原有的两个曲面，并将曲面组合为一体。

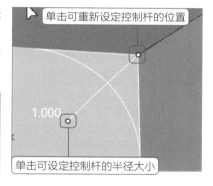

提示：实用技巧

当要建立混接的两个曲面边缘相接时，BlendSrf指令会把两个曲面边缘视为同一侧的边缘，为避免这种情形，用户可以在选取混接曲面一侧的曲面边缘后按Enter键，再开始选取另一侧的曲面边缘。

4.6 曲面的衔接

曲面之间的连接除了可以使用"混接"命令进行操作外，还可以使用"衔接曲面"、"合并曲面"等命令，下面将具体介绍这两个命令的应用。

4.6.1 衔接曲面

应用"衔接曲面"命令可调整曲面的边缘与其它曲面衔接，即和其它曲面形成位置、正切或曲率连系。首先选取工具栏"曲面圆角"命令集下的"衔接曲面"命令，如下左图所示。然后根据命令行的提示选取一个未修剪的曲面边缘（只有未修剪过的曲面边缘才能与其他曲面进行衔接），再选取衔接的目标曲面边缘或曲线，两个曲面边缘必需选取于同一侧，目标曲面的边缘可以是修剪或未修剪的边缘，如下右图所示。

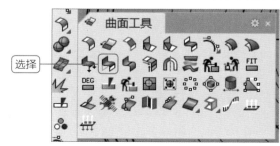
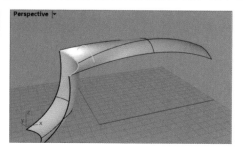

此时将弹出右图所示的"衔接曲面"对话框，下面对该对话框中各参数的含义进行介绍。

- **连续性**：该选项区域用于指定两个曲面之间的连续性。
- **维持另一端**：该选项区域用于改变曲面的阶数增加控制点，避免曲面另一端的边缘的连续性被破坏。
- **互相衔接**：勾选此复选项，两个曲面均会调整控制点的位置来达到指定的连续性，即两个曲面都会被修改为过渡的形状，如果目标曲面的边缘是未修剪的边缘，两个曲面的形状会被平均调整。
- **以最接近点衔接边缘**：勾选此复选框，将要衔接的曲面边缘的每一个控制点拉至目标曲面边缘上的最接近点。未勾选此复选框，延展或缩短曲面边缘，使两个曲面的边缘在衔接后端点对端点，效果示意如下图所示。

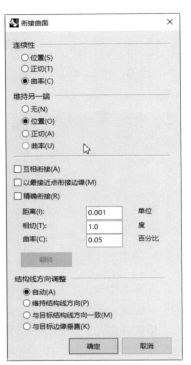

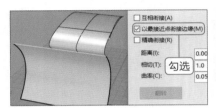

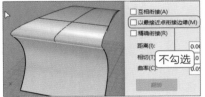

- **精确衔接**：勾选此复选框，将检查两个曲面衔接后边缘的误差是否小于设定的公差，必要时会在变更的曲面上加入更多的结构线（节点），使两个曲面衔接边缘的误差小于设定的公差。
- **反转**：单击该按钮，（仅用于靠近曲面的曲线）更改曲面的方向。
- **结构线方向调整**：该选项区域用于设定衔接时参数化构建曲面的方式和曲面结构线方向的变化方式。若选择"自动"单选按钮，则如果目标边缘是未修剪边缘，结果和目标结构线方向一致选项相同；如果目标边缘是修剪过的边缘，结果和目标边缘垂直选项相同。

在"衔接曲面"对话框中进行相应的设置后，单击"确定"按钮，将完成曲面的衔接操作，下图为衔接前后的对比效果。

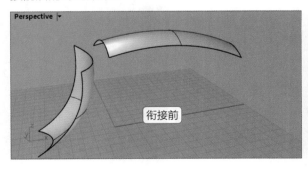

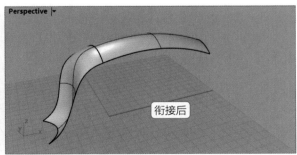

4.6.2 合并曲面

"合并曲面"命令可以将两个未修剪且边缘重合的曲面合并为一个单一曲面。

首先在工具栏的"曲面圆角"命令集中选取"合并曲面"命令，如右图所示。

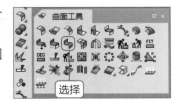

然后在命令行设置相关参数，此时的命令行如下图所示。

选取一对要合并的曲面 (平滑(<u>S</u>)=*是* 公差(<u>T</u>)=*0.001* 圆度(<u>R</u>)=*0.6*):

按照命令行的提示选取一对要合并的曲面查看合并的对比效果，如下图所示。

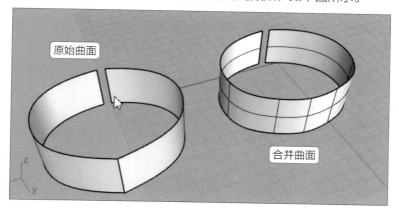

选择"合并曲面"命令后，其命令行中的"平滑"选项一般默认选择的为"是"，即两个曲面以光滑方式合并为一个曲面，合并以后的曲面比较适合以控制点调整，但曲面会有较大的变形。当"平滑"选项为"否"时，两个曲面均保持原有状态不变，合并后的曲面在缝合处的控制点为锐角点。当调整合并处的控制点时，合并处会变得尖锐，下图为不同"平滑"设置的效果。

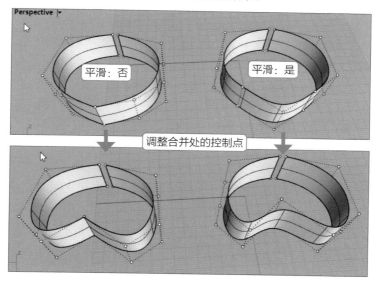

选择"合并曲面"命令后，其命令行中的"圆度"选项用于指定合并处的圆滑度，数值范围为0~1之间，当设置为0时，相当于"平滑"为"否"，下图为不同圆度的合并效果。

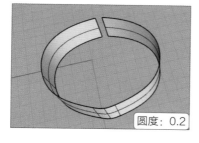

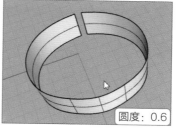

4.7 曲面的重建

"重建曲面"命令是以设定新的阶数与控制点数重新创建曲面。首先在工具栏选择"曲面圆角"命令集下的"重建曲线"命令，如下左图所示。然后按照命令行的提示选取要重建的曲面，按下Enter键完成选择。此时会弹出"重建曲面"对话框，在该对话框中设置相关参数后，单击"预览"按钮预览重建后的曲面形状，如果满意预览的重建结果，则单击"确定"按钮完成重建操作。下右图为重建的效果。

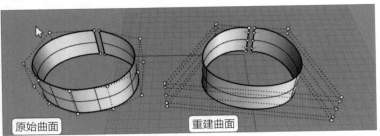

下面将对"重建曲面"对话框中各参数的含义进行介绍，具体如下。

- **点数**：在该选项区域中，U参数用于设定曲面U方向的点数，V参数用于设定曲面V方向的点数。
- **阶数**：在该选项区域中，U参数用于设定曲面U方向的阶数，V参数用于设定曲面V方向的阶数。
- **删除输入物件**：勾选该复选框，则将原来的物件从文件中删除。
- **目前的图层**：勾选该复选框，则在目前的图层建立新曲面；取消这勾选该复选框，则会在原来的曲面所在的图层建立新曲面。
- **重新修剪**：勾选该复选框，则以原来的边缘曲线修剪重建后的曲面。
- **跨距数**：在该选项区域中，U参数用于反馈U方向之前的最小跨距数（括号中）和将得到的跨距数。V参数用于反馈V方向之前的最小跨距数（括号中）和将得到的跨距数。
- **最大偏差值**：计算重建的曲面与原来的曲面之间的最大偏差值。
- **计算**：计算原来的曲面与重建后的曲面之间的偏差距离，计算偏差距离的位置是结构线的交点与每个跨距的中点。
- **预览**：显示输出预览。如果用户更改了设置，再次单击"预览"按钮将更新显示。

4.8 通过控制点编辑曲面

曲面可以看作是由一系列曲线沿一定的走向排列组成，而曲线是由控制点控制的，所以控制点间接地可以对曲面进行编辑，下面将介绍通过控制点编辑曲线的方法。

4.8.1 改变曲面阶数

"改变曲面阶数"命令可以在维持节点结构的情况下，通过增减曲面节点跨度内的控制点数量以变更曲面的阶数。具体操作方式为：选择工具栏"曲面圆角"命令集下的"改变曲面阶数"命令，如下左图所示。然后按照命令行的提示选取要改变阶数的曲面，按下Enter键完成选择，效果如下右图所示。

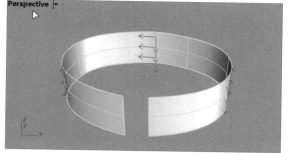

接下来按照命令行的提示设置新的U阶数以及新的V阶数，按下Enter键完成操作，对比效果如下图所示。

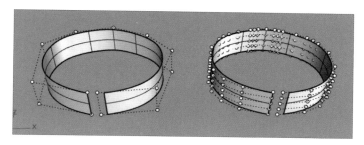

使用"改变曲面阶数"命令改变曲面阶数时，对应的命令行如下图所示。在该命令行中，若"可塑形的"选择"是"，则如果原来曲线/曲面的阶数与变更后的阶数不同，曲线/曲面会稍微变形，但不会产生复节点；若"可塑形的"选择"否"，则如果原来曲线/曲面的阶数小于变更后的阶数，新曲线/曲面与原曲线/曲面有完全一样的形状与参数化，但会产生复节点，复节点数量 = 原来节点位置的节点数量 + 新阶数 − 旧阶数。如果原曲线/曲面阶数大于变更后的阶数，新的曲线/曲面会稍微变形，但不会产生复节点。

> **新的 U 阶数 <3>**（可塑形的(<u>D</u>)=否）:

4.8.2　缩回已修剪曲面

在Rhino 6.9中，对曲面的修剪并不是真的将曲面删除，而是对其进行了隐藏，鼠标右击 按钮并执行"取消修剪"命令，将其曲面取消修剪后可以看到该曲面未修剪的状态，对比效果如下图所示。

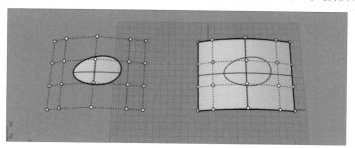

所以当曲面被修剪后，还会保持原有的控制点结构，"缩回已修剪曲面"命令可以使原始曲面的边缘缩回到曲面的修剪边缘附近。具体操作为：首先在工具栏中选择"曲面圆角"命令集下的"缩回已修剪曲面"命令，如下左图所示。然后按照命令行的提示选取要缩回的已修剪曲面，按下Enter键完成操作，下右图为缩回已修建的曲面效果。

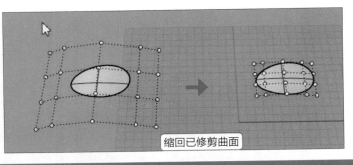

缩回已修剪曲面

修剪过的曲面是由原始曲面与修剪边界曲线定义，如果用户将贴图贴到修剪过的曲面上，贴图实际上是贴到整个原始曲面。有些时候原始曲面远比修剪过的曲面大很多，渲染时会只有一小部分的贴图出现在修剪过的曲面上。

"缩回已修剪曲面"命令可以使原始曲面的边缘缩回至曲面的修剪边缘附近，使渲染时修剪过的曲面可以显示较大部分的贴图。因为只有原始曲面的大小被改变，所以修剪过的曲面通常不会有什么可见的变化。

4.9 曲面的检测和分析

Rhino为核心的曲面建模软件，在构建自由形态的曲面方面具有灵活、简单的优势。所以在Rhino建模中最重要的是曲面的建立，在建模过程中通常需要对曲面进行分析，检测曲面的质量。Rhino 6.9提供了相应的曲面检测与分析工具，下面介绍常用曲面分析工具的应用。

4.9.1 分析方向

应用"分析方向"命令可以开启曲线、曲面与多重曲面的方向显示。具体操作为：选取在工具栏中的"分析方向"命令■，按照命令行的提示选取要显示方向的物体，按下Enter键完成选取操作，下左图显示出曲面UV方向箭头以及法线方向箭头对应红色、绿色、白色。将光标移动到物件上，会显示动态的方向箭头，单击可以反转法线方向，如下右图所示。

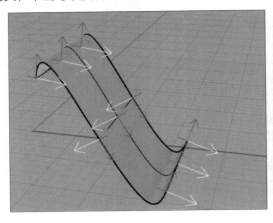

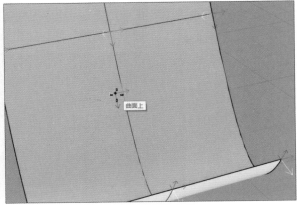

应用"分析方向"命令进行方向分析时，曲面的UV方向可以在命令行中进行修改，此时命令行如下图所示。在"分析方向"命令行中，"反转U"/"反转V"选项用于反转曲面的U或V方向；"对调UV"选项用于对调曲面的U与V方向；"反转"选项用于反转曲面的发线方向。

按 Enter 完成 (反转U(U) 反转V(V) 对调UV(S) 反转(F)):

　　分析曲面的方向时，用户还可以在工具栏的"曲面圆角"命令集下选择"显示物件方向"命令，如下左图所示。然后按照命令行的提示选取要显示方向的物体，按下Enter键，此时会弹出下中图所示的对话框，在"显示"选项区域中勾选显示的方向；"反转方向"、"反转U"、"反转V"、"对调"按钮的应用与"分析方向"命令行中相关参数改变曲面方向功能相同；用户可以在"方向颜色"选项区域设置显示方向的颜色，还可以通过单击"新增物价"和"移除物件"按钮来添加或移除显示方向的物件。下右图为打开"显示物件方向"命令的效果图。

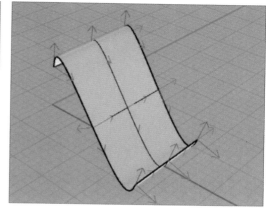

4.9.2　曲率分析

　　曲率分析命令可以用假色分析曲面的曲率，从而找出曲面形状不正常的位置，例如突起、凹洞、平坦、波浪状或曲面的某个部分的曲率大于或小于周围，必要时可以对曲面形状进行修正，下左图为曲率分析示意。

　　在Rhino中，要进行曲率分析，则首先在工具栏中的"曲面圆角"命令集或者在"分析方向"命令集下选取"曲率分析"命令，如下中图所示。接着按照命令行的提示选取要进行曲率分析的物件，按下Enter键完成选择，此时会弹出下右图的对话框。

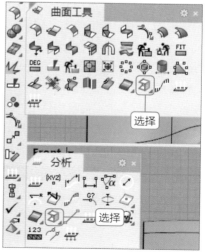

　　在曲率分析设置对话框中，默认使用高斯曲率来分析曲率，高斯曲率可以协助判断一个曲面是否可以展开为平面。用户也可以根据需要自行设置形式与范围，下面对该对话框中各参数的含义进行介绍。

　　样式：包括"高斯"、"平均值"、"最大半径"和"最小半径"四个选项。

● **高斯**：在以下的几个图例中，红色部分的高斯曲率为正数，绿色部分为0，蓝色部分为负数。曲面上的每一个点都会以设定的曲率范围渐层颜色显示。例如，曲率位于曲率范围中间的曲面会以绿色显示，曲率超出红色范围的会以红色显示，曲率超出蓝色范围的会以蓝色显示。

正曲率	**负曲率**	**0 曲率**
高斯曲率为正时，则代表曲面的形状为碗形。	高斯曲率为负，则代表曲面的形状为马鞍型。	曲率为0，则代表曲面至少有一个方向是直的，如平面、圆锥体侧面等。

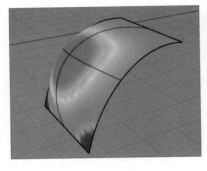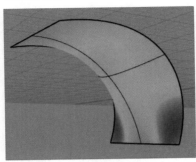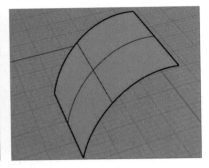

● **平均**：显示平均曲率的绝对值，适用于找出曲面曲率变化较大的部分。

● **最大半径**：适用于找出曲面较平坦的部分。将蓝色的数值设得大一点，红色的数值设为接近无限大，曲面上红色的区域为近似平面的部分，曲率几乎等于0。

● **最小半径**：如果用户想将曲面偏移一个特定距离r，或者使用半径为r的球状物体剪切物件，曲面上任何半径小于r的部分将会发生问题。曲面上半径小于偏移距离r的部分在曲面偏移后会发生自交，小于加工时使用的球状物体半径时，刀具可能会剪切应该被保留的部分。为避免发生这些问题，设定红色 = r、蓝色 =1.5×r，曲面上的红色区域是在偏移或加工时一定会发生问题部分，蓝色区域为安全的部分，绿色与红色之间的渐层区域为可能发生问题的部分。

自动范围：曲率分析命令会将假色以曲率值对应至曲面上。用户可以先以自动范围设定曲率范围，再调整曲率范围的两个数值，使它比自动范围更能突显分析目的。"曲率分析"命令会记住用户上次分析曲面时所使用的设定及曲率范围。如果物件的形状有较大的改变或分析的是不同的物件，记住的设定值可能并不适用。遇到这种情形时，用户可以单击"自动范围"按钮，让指令自动计算曲率范围，得到较好的对应颜色分布。

最大范围：单击该按钮，可以使用最大范围将红色对应至曲面上曲率最大的部分，将蓝色对应至曲面上曲率最小的部分。当曲面的曲率有剧烈变化时，产生的结果可能没有参考价值。

显示结构线：勾选该复选框，可以显示物件上的结构线。

新增物件：单击该按钮，为增选的物件显示曲率分析。

移除物件：单击该按钮，关闭增选物件的曲率分析。

> **提示：曲率解析**
>
> 光滑曲面上的任何一点都有两个主曲率，高斯曲率是这两个主曲率的乘积，平均曲率是这两个主曲率的平均数。

4.9.3 斑马纹分析

在进行物件检测时，可以使用"斑马纹分析"命令，该命令是使用条纹贴图分析曲面的平滑度与连续性。具体操作方式为：首先在工具栏中的"曲面圆角"命令集或者在"分析方向"命令集里选择"曲率分析"命令集下的"斑马纹分析"命令，如下左图所示。然后按照命令行的提示选取要做斑马纹分析的物件，选取后按下Enter键，此时会弹出下右图所示的对话框。在"斑马纹选项"对话框中设定斑马纹的方向、宽度和颜色，或将斑马纹的颜色与底色设成高对比的颜色，使斑马纹显示更清楚。

　　斑马纹分析的第一步是设定分析网格的密度，分析网格不够精细而无法达到分析的要求时，可以提高分析网格的密度。

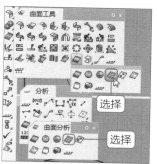 

提示：斑马纹形状的意义

位置连续 (G0)： 如果斑马线在曲面连接的地方出现了扭结或错位，说明曲面在这个位置只是简单地接触在一起，这种情况是 G0 (仅位置)连续，如下左图所示。

相切连续(G1)： 如果两个曲面相接边缘处的斑马纹相接但有锐角，两个曲面的相接边缘位置相同，切线方向也一样，代表两个曲面以 G1 (位置 + 正切)连续性相接。以"曲面圆角"命令建立的曲面有这样的特性，如下中图所示。

曲率连续 (G2)： 如果两个曲面相接边缘处的斑马纹平顺地连接，两个曲面的相接边缘除了位置和切线方向相同以外，曲率也相同，代表两个曲面以 G2 (位置 + 正切 + 曲率)连续性相接。"曲面混接"命令可以建立有这样特性的曲面，如下右图所示。

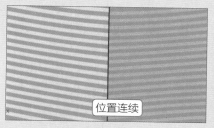  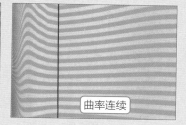

位置连续　　相切连续　　曲率连续

4.9.4　厚度分析

　　厚度分析命令使用假色显示实体物件的厚度。具体操作方式为：首先在工具栏中"曲面圆角"命令集或者"分析方向"命令集里选取"曲率分析"命令集下的"厚度分析"命令，如下左图所示。然后按照命令行的提示选取要分析厚度的物件，选取后按下Enter键。此时会弹出下中图所示的对话框。输入最小与最大可接受的厚度值，下右图为厚度分析的效果。

提示：分析厚度原理

分析厚底时需要将曲面网格化，因为需要用到网格中的点，对于网格中的每个顶点，计算从顶点到网格的"另一侧"的距离，然后根据该距离将颜色分配给顶点。如果距离小于或等于最小距离值，则颜色为红色的；如果距离大于最大距离，则颜色为白色；如果距离在最小和最大距离之间，则会分配红色和蓝色之间的颜色。接近最小距离的距离颜色更接近红色，接近最大距离的距离更接近蓝色。在指令提示符窗口中显示报告，将显示出顶点数量、距离小于或等于最小距离顶点的百分比，最小距离和最大距离之间顶点的百分比以及超出最大距离的顶点的百分比。

从顶点到网格的"另一侧"的距离计算方式如下：

A =与顶点接触的一组三角形集合

如果在集合 A 中存在法线之间的角度大于91度的三角形，则三角形 T 位于网格的"另一侧"。

B =与顶点接触的一组三角形，位于网格的"另一侧"

对于B中的每个三角形，计算从顶点到三角形上最近点的距离。这些距离中最小的一个值就是从顶点到网格另一侧的距离。

知识延伸：曲面的斜角

曲面的斜角可以分为标准曲面斜角和不等距曲面斜角，下面将具体介绍如何创建曲面的斜角和不等距曲面斜角。

1. 曲面斜角

"曲面斜角"命令可以在两个曲面之间建立斜角曲面。具体操作为：在工具栏"曲面圆角"命令集下选择"曲面斜角"命令，如下左图所示。按照命令行的提示选取要建立斜角的第一个曲面，然后单击需要建立斜角的第二个曲面，若建立斜角的曲面是下右图所示的空间关系，在选取曲面时需要选取曲面在斜角完成后想保留的一侧。

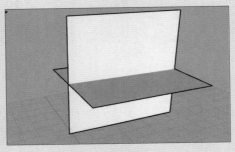

斜角完成后的示意效果如下图所示。

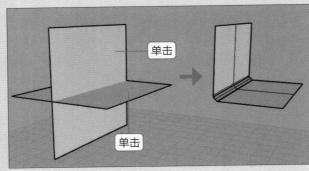

应用"曲面斜角"命令在两个曲面之间建立斜角曲面时，命令行的提示如下图所示。下面对命令行中各选项的含义进行介绍。

> 选取要建立斜角的第一个曲面（距离(<u>D</u>) = *1.000, 1.000* 延伸(<u>E</u>) = *否* 修剪(<u>T</u>) = *是*）:

- **距离**：两个曲面的交线至斜角曲面边缘的距离。第一个斜角距离是从两个曲面相交的位置到第一个曲面斜角点的位置，第二个斜角距离是从两个曲面相交的位置延伸到第二个曲面斜角点的位置。
- **延伸**：两侧曲面长度不一样时延伸斜角曲面。
- **修剪**：包含"是"和"否"两个选项，选择"是"，则以结果曲面修剪原来的曲面；选择"否"，则不修剪，以结果曲面分割原来的曲面。

2. 不等距曲面斜角

"不等距曲面斜角"命令旨在两个曲面之间建立不等距的斜角曲面，修剪原来的曲面，并将曲面组合在一起。具体操作为：首先选取工具栏中"曲面圆角"命令集下的"不等距曲面斜角"命令，如下左图所示。此时可以先在命令行中设置斜角距离，然后按照命令行的提示点选两个要建立不等距斜角曲面的边缘（编辑的曲面必需有交集），此时曲面的交线上会出现控制杆，如下中图所示。设定命令行选项或选取要编辑的控制杆后按下Enter键完成操作。

在交线中点位置设置距离为5的效果，如下右图所示。

  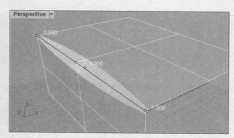

提示：控制杆使用技巧

- 默认控制杆上有一个标识，用户可以拖动并修改半径。
- 增加或复制的控制杆有两个标识。
- 使用边缘上的标识可以沿边缘移动控制杆。
- 使用中间的标识可以更改控制杆的位置。
- 命令行各选项设置含义参照"不等距曲面混接"命令。

📺 上机实训：为苹果摆件添加果蒂部分

学习了曲面混接的相关操作后，接下来结合以前学过的命令，为一个苹果摆件加果柄部分。下面介绍具体的创建方法，步骤如下。

步骤 01 打开Rhino软件后，首先载入"苹果摆件.3dm"素材文件，该模型是由一个扭曲的长方条通过弯曲而成的，如下左图所示。

步骤 02 然后通过控制点曲线建立四条端点重合的开放曲线，确定苹果果蒂部分的形状，如下右图所示。

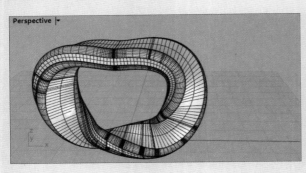 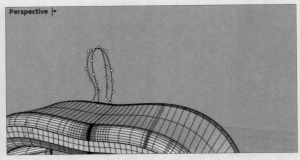

步骤 03 选择"指定三个或四个角建立曲面" 命令集下的"放样" 命令，在打开的对话框中点选封闭放样，对这两条曲线进行放样处理，如下左图所示。

步骤 04 然后通过"投影曲线"命令集下的"复制面的边框"命令复制刚刚做的果蒂部分的下边缘，并通过"曲线圆角"命令集下"偏移曲线"命令将曲线放大1mm，如下右图所示。

 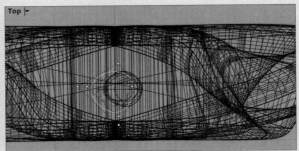

步骤 05 通过"修剪"命令将扭曲体剪出一个洞，如下左图所示。

步骤 06 然后运用"混接曲面"命令将两个曲面边缘混接，如下右图所示。

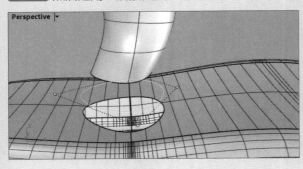 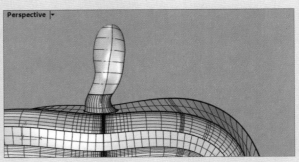

步骤 07 制作完成的苹果摆件如下左图所示。

步骤 08 经过简单的渲染后，最终效果如下右图所示。

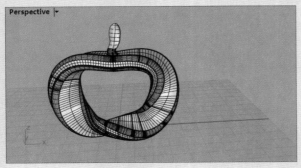 

课后练习

1. 选择题

（1）在Rhino 6.9中，曲面在斑马纹分析时连接处出现了纽结或错位，说明曲面在这个位置是（　　）。

　　A. 位置连续　　　　　　B. 曲率连续　　　　　　C. 相切连续　　　　　　D. G3

（2）打开（　　）工具可以开启曲线、曲面与多重曲面的方向显示。

　　A. 斑马纹分析　　　　　B. 曲率分析　　　　　　C. 厚度分析　　　　　　D. 分析方向

（3）（　　）命令可以将两个未修剪并且边缘重合的曲面合并为一个单一曲面。

　　A. 曲面对称　　　　　　B. 衔接曲面　　　　　　C. 曲面混接　　　　　　D. 合并曲面

（4）重建曲面命令以设定新的（　　）与（　　）数重新创建曲面。

　　A. 幂数，编辑点　　　　B.阶数，控制点　　　　C. 次数，节点　　　　　D. 幂数，控制点

2. 填空题

（1）在Rhino 6.9中，两个曲面之间的连续性包括：＿＿＿＿＿＿＿、＿＿＿＿＿＿＿、＿＿＿＿＿＿＿和＿＿＿＿＿＿＿四个。

（2）光滑曲面上的任何一点都有＿＿＿＿＿＿＿，高斯曲率是这两个主曲率的＿＿＿＿＿＿＿，平均曲率是这两个主曲率的＿＿＿＿＿＿＿。

（3）改变曲面阶数命令在维持节点结构的情况下，通过增减曲面节点跨度内的＿＿＿＿＿＿＿，以变更曲面的阶数。

（4）"衔接曲面"命令可以调整曲面的边缘与其它曲面衔接，即和其它曲面形成＿＿＿＿＿＿＿、＿＿＿＿＿＿＿或＿＿＿＿＿＿＿连续。

（5）曲面的混接可以用来在两个曲面边缘＿＿＿＿＿＿＿的曲面之间生成新的混接曲面，新的混接曲面可以以指定的＿＿＿＿＿＿＿与原曲面衔接。

3. 上机题

学习了曲面编辑的相关操作后，利用本章所学知识创建一个木质水杯，对所学知识进行巩固。

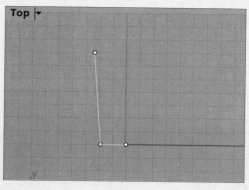

操作提示

（1）首先通过"多重曲线"命令创建水杯轮廓线，通过"旋转成型"命令旋转成曲面。

（2）通过本章所学的"偏移曲面"命令，为水杯曲面增加厚度。

（3）然后为杯子底部以及杯口倒圆角，最后为水杯添加材质，完成操作。

Chapter 05 实体的创建

本章概述

实体是一个封闭的曲面或多重曲面。无论何时，只要曲面或多重曲面能够形成完全封闭的空间就可以构成实体。使用 Rhino 可以建立单一曲面实体、多重曲面实体以及挤出物件实体，本章将对各种常用的实体创建工具的应用进行介绍。

核心知识点

❶ 掌握标准实体创建工具的应用
❷ 掌握挤出建立实体创建工具的应用
❸ 了解实体的修改操作
❹ 掌握实体的圆角与斜角命令的应用

5.1 标准实体的创建

标准实体包括单一曲面实体与多重曲面实体两种。单一曲面可以将其自身环绕包裹组合在一起，例如球体、环状体和椭球体；多重曲面是由两个或以上曲面组合而成的，当多重曲面包裹形成一个封闭空间后就是实体，例如立方体、圆锥体、圆锥体。本节将详细介绍各种标准实体的创建方法。

5.1.1 立方体的创建

立方体命令集里有多种用于建立立方体多重曲面的命令。下左图为工具栏中"立方体：角对角、高度"实体命令集下"立方体"工具集合，可以看到有4种建立立方体的方式。用户也可在菜单栏里选取立方体创建命令集，如下右图所示。

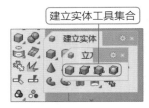

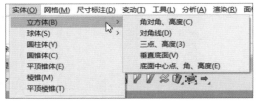

1. 立方体：角对角、高度命令

选择该命令后，按照命令行的提示选择立方体矩形基底的第一个角，此时按住Shift键可以绘制正方形，如下左图所示。然后选择第二个角或者输入长度值，若选择输入长度值后，还需要再输入宽度值，输入长度值后按Enter键套用长度，最后输入高度按下Enter键套用宽度，即可完成立方体的创建，如下右图所示。

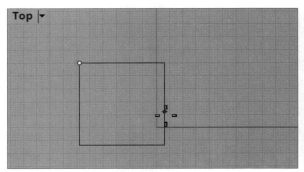

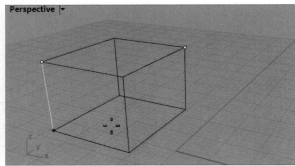

2. "立方体:对角线"命令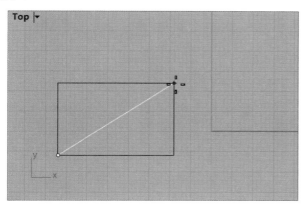

在任意视窗选定任一起始位置,如下左图所示。此时可以看到"立方体:对角线"命令是按对角线来建立底面的,即通过点和面对角线来确定平面,然后通过一个平面和一条对角线来确定立方体,如下右图所示。

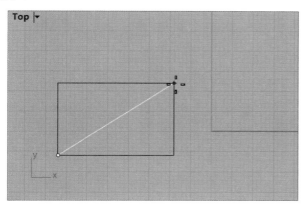 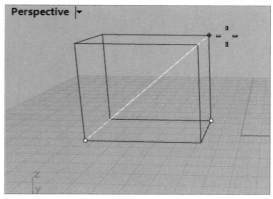

3. "立方体:三点、高度"命令

使用"立方体:三点、高度"命令创建立方体是常用的方法之一。该工具可以更加定性定量地约束立方体,如下左图所示。用户可以在界面上自定义长、宽、高,也可以在命令行直接输入具体数值来确定立方体的长、宽、高,如下右图所示。

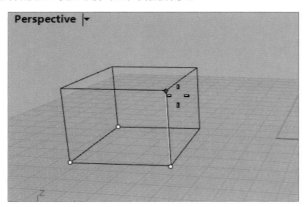 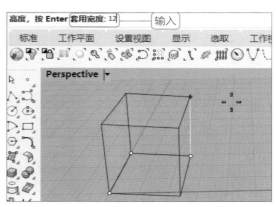

右击 按钮为"立方体:底面中心点、角、高度"命令,然后确定第一点是一个平面的中心点,第二点是该平面一个角所在的位置,如下左图所示。最后根据这个平面延伸,确定了一个立方体,如下右图所示。

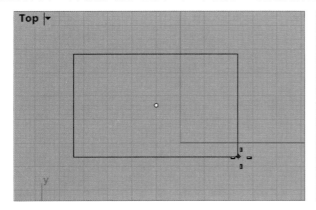 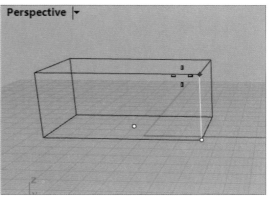

4. "边框方块"命令◎

"边框方块"命令◎可以以方块将物体框起。选取该命令后，按照命令行的提示选取要以边框方块框起的物体，按下Enter键完成操作，如下左图所示。然后选择边框方块选项，按下Enter键完成操作，效果如下右图所示。

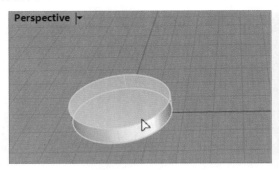
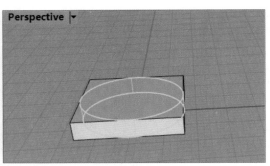

选择"边框方块"命令后，其对应的命令行选项如下图所示。

选择边框方块选项，按 Enter 完成（座标系统(C)=*工作平面* 输出为(O)=*网格*）：

5.1.2　椭圆体的创建

在工具栏中"立方体：角对角、高度"命令集下的创建椭圆体命令集，有5种不同的创建方式，如下左图所示。在菜单栏中执行"实体❶>椭圆体❷"命令，在子菜单中显示了椭圆体的创建命令集❸，如下右图所示。

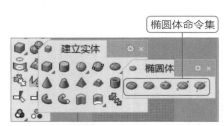
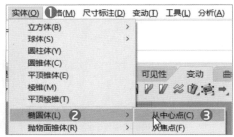

1. "椭圆体：从中心点"命令◎

"椭圆体：从中心点"命令是通过中心点和三条轴确定椭圆体。选取该命令后，按照命令行的提示在视图中确定中心点，然后确定椭圆第一轴的终点，如下左图所示。确定椭圆体的第二轴、第三轴的终点，即可完成创建椭圆体的操作，如下右图所示。

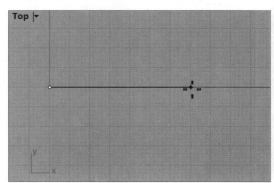
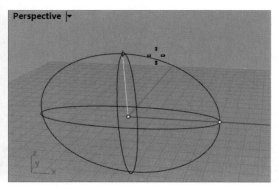

2. "椭圆体：直径"命令

"椭圆体：直径"命令是以轴线的端点绘制基本的椭圆，垂直以中心点及两个轴绘制与工作平面垂直的椭圆而形成椭圆体。具体操作为：选取该命令后，按照命令行的提示选取第一条轴的起点与终点，如下左图所示。然后选取另外两条轴的长度，即可完成创建椭圆体的操作，如下右图所示。

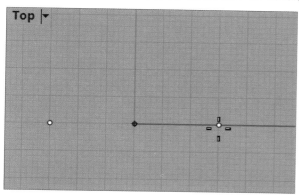 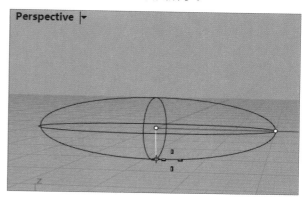

3. "椭圆体：从焦点"命令

"椭圆体：从焦点"命令是通过椭圆的两个焦点及通过点绘制椭圆。具体操作为：首先选取该命令，按照命令行的提示选取两个焦点，如下左图所示。然后选择椭圆体上的点，完成椭圆体的创建，如下右图所示。

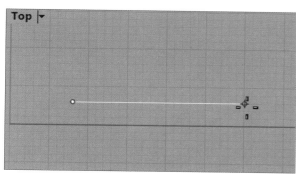 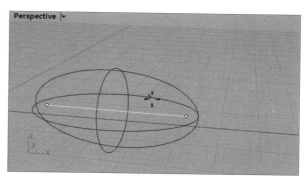

4. "椭圆体：角"命令

"椭圆体：角"命令以一个矩形的对角画出一个基本的椭圆，然后确定椭圆体。具体创建操作为：选取该命令后，按照命令行的提示选取椭圆体的角和对角，如下左图所示。然后设置第三轴的终点，完成椭圆体的创建，如下右图所示。

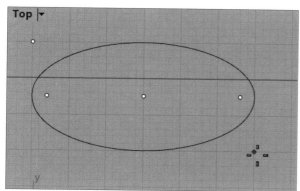 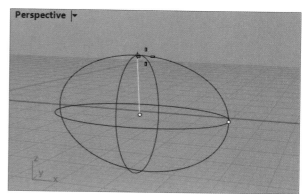

5. "椭圆体：环绕曲线"命令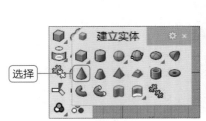

"椭圆体：环绕曲线"命令 可以通过创建环绕曲线的椭圆来建立椭圆体。具体操作为：选取该命令后，按照命令行的提示选取曲线，如下左图所示。然后指定椭圆体的第一轴、第二轴的终点，完成椭圆体的创建，如下右图所示。

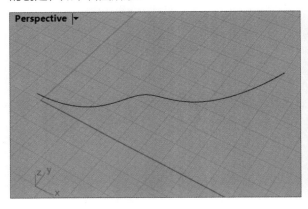
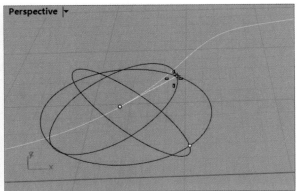

5.1.3　圆锥体的创建

在工具栏"立方体：角对角、高度"建立实体命令集下选择"圆锥体"命令，如下左图所示。首先建立圆形，然后确定圆锥体的顶点，完成椭圆体的创建，如下右图所示。

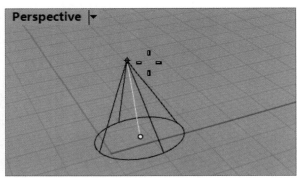

5.1.4　金字塔的创建

在Rhino中，用户可以使用"棱锥"命令 创建金字塔。具体操作为：选择"棱锥"命令后，建立金字塔的基底多边形，例如创建五边形，如下左图所示。然后指定金字塔的高度，完成金字塔的创建，如下右图所示。

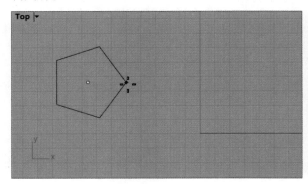
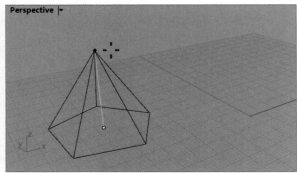

5.1.5 平顶锥体的创建

"平顶锥体"命令旨在建立顶点被平面截断的圆锥体。具体操作为：仿照圆锥体的创建方法，创建下左图所示的形状。然后指定顶面圆形的半径或直径，完成平顶锥体的创建，如下右图所示。

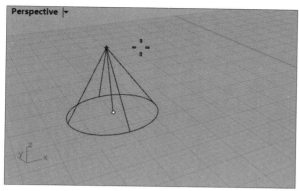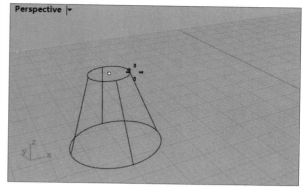

5.1.6 圆柱体的创建

在工具栏的"立方体：角对角、高度"建立实体命令集下选择"圆柱体"命令，如下左图所示。然后建立底圆，最后指定圆柱的高度，完成圆柱体的创建，如下右图所示。

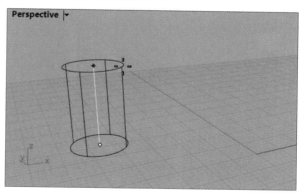

5.1.7 圆柱管的创建

"圆柱管"命令可以建立中间有圆柱洞的圆柱体。具体操作为：选取工具栏中"立方体：角对角、高度"命令集下的"圆柱管"命令，如下左图所示。接着建立圆柱管的地面圆半径，然后建立第二半径以及圆柱管的高度，完成圆柱管的创建，如下右图所示。

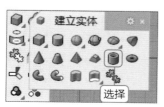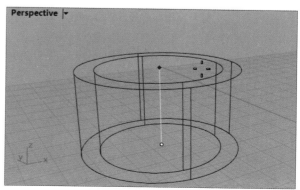

5.1.8 环状体的创建

在工具栏"立方体：角对角、高度"建立实体命令集下选择"环状体"命令●后，在视图中指定环状体的中心点以及半径，如下左图所示。然后确定环状体的第二半径，即可创建环状体，如下右图所示。

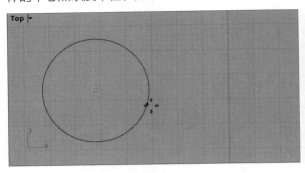 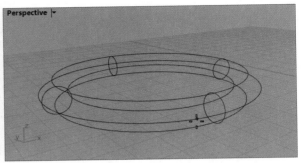

5.1.9 圆管的创建

"圆管"命令●或●可以围绕曲线建立一个管状曲面。具体操作为：选取工具栏"立方体：角对角、高度"建立实体命令集下的"圆管"命令后，按照命令行的提示选取一条曲线，如下左图所示。然后指定圆管起点的半径（如果曲线是封闭的圆管，那么起点半径等于终点半径），再指定圆管终点的半径，如下右图所示。在曲线上指定下一个半径，按Enter键结束指令，即可创建圆管。

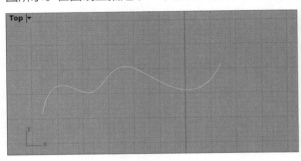 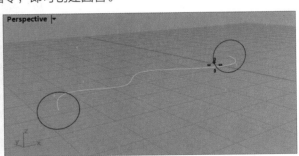

选择"圆管"命令后，对应命令行的相关选项如下图所示。

选取路径（连锁边缘(C) 数个(M)）：　　起点半径 <2.000>（直径(D) 有厚度(T)=否 加盖(C)=平头 渐变形式(S)=局部 正切点不分割(F)=否）:

- **连锁边缘：** 选取与已选取边缘曲线相连接的曲面边缘。
- **数个：** 一次选取数条曲线建立圆管。
- **直径/半径：** 切换使用半径或直径。
- **有厚度：** 决定建立是否建立有厚度的圆管，选择"是"选项时，对比效果如下图所示。

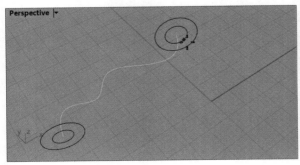 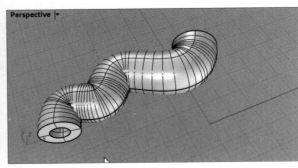

- **加盖**：设定圆管两端的加盖形式。选择"无"选项，表示不加盖；选择"平头"选项，表示以平面加盖；选择"圆头"选项，表示以半球曲面加盖。下图为不同加盖形式的效果。

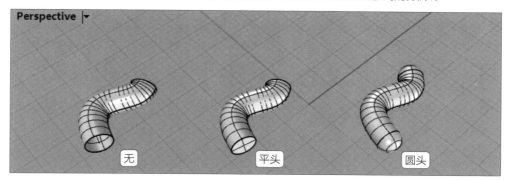

- **渐变形式**：若选择"局部"选项，则圆管的半径在两端附近变化较小，中段变化较大；若选择"全局"选项，则圆管的半径由起点至终点呈线性渐变，就像是建立平顶圆锥体一样。
- **正切点不分割**：若设置为"是"，当用来建立圆管的曲线是直线与圆弧组成的多重曲线时，逼近建立单一曲面的圆管；若设置为"否"，圆管会在曲线正切点的位置分割，建立多重曲面的圆管。

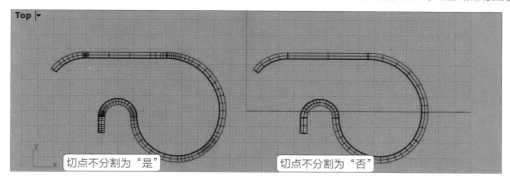

5.2 挤出建立实体的创建

要想通过挤出曲面边缘来创建实体造型，用户可以应用工具栏"立方体：角对角、高度"建立实体命令集下的"挤出建立实体"命令集来创建，如下左图所示。在建模中常常要用到挤出建立实体工具集来创建特殊的实体模型，用户也可以在菜单栏中选择挤出实体命令集，如下右图所示。

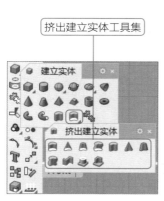

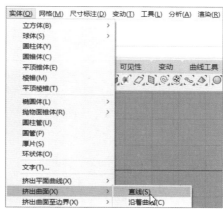

5.2.1 挤出曲面

"挤出曲面"命令█可以将曲面边缘沿直线挤出成实体。具体操作为：选取工具栏"立方体：角对角、高度"█建立实体命令集下的"挤出曲面"命令后，按照命令行的提示选取要挤出的曲面，按下Enter键完成选取。此时可以在命令行设置参数，然后在视图中单击确定挤出的长度，如下左图所示。用户也可在命令行中输入数值，按下Enter键完成操作，如下右图所示。挤出的实体，可以进行倒角、布尔等实体操作。

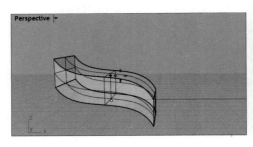 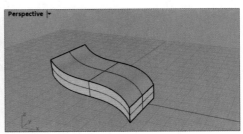

在选择"挤出曲面"命令对曲面进行挤出时，对应的命令行如下图所示。

挤出长度 < 9> (方向(D) 两侧(B)=否 实体(S)=是 删除输入物件(L)=否 至边界(T) 分割正切点(P)=否 设定基准点(A))：

- **方向**：指定两个点设置挤出实体的方向。方向选项绘制步骤为：首先指定一个基准点，然后指定第二点决定方向角度。
- **两侧**：在起点的两侧挤出物件，建立的物件长度为用户指定的长度的两倍。
- **实体**：如果挤出的曲线是封闭的平面曲线，挤出后的曲面两端会各建立一个平面，并将挤出的曲面与两端的平面组合为封闭的多重曲面。
- **删除输入物件**：若选择"是"选项，则将原来的物件从文件中删除；若选择"否"选项，则保留原来的物件。
- **至边界**：挤出至边界曲面。
- **分割正切点**：若选择"是"选项，则挤出的实体会在曲线平面正切点分割，建立多重曲面；若选择"否"选项，则建立完整的挤出实体。
- **设定基准点**：指定一个点，这个点是以两个点设定挤出距离的第一个点。

5.2.2 挤出曲面至点

"挤出曲面至点"命令█用于将曲面往单一方向挤出至一点，建立锥状的实体。具体操作为：选取工具栏"立方体：角对角、高度"建立实体命令集下"挤出曲面"命令集█里的"挤出曲面至点"命令，然后按照命令行的提示选取要挤出的目标，按下Enter键完成选取。然后选取挤出的目标点，如下左图所示。通过光标在视图中单击选取目标点完成操作，下右图为挤出的效果。

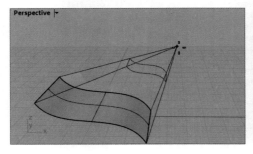 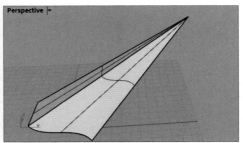

5.2.3 挤出曲面成锥状

"挤出曲面成锥状"命令🔔用于将曲线往单一方向挤出，并以设定的拔模角内缩或外扩，建立锥状的曲面。具体操作为：首先选取工具栏"立方体：角对角、高度"建立实体命令集下"挤出曲面"命令集🔔里的"挤出曲面成锥状"命令，按照命令行的提示选择要挤出的曲面，按下Enter键完成选取。然后在命令行中选择相应的选项，下左图为指定物件的挤出高度效果。通过光标单击或在命令行输入数值，按下Enter键完成操作，下右图为挤出效果。

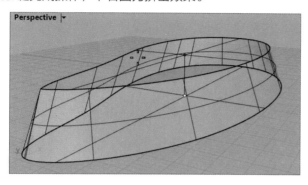 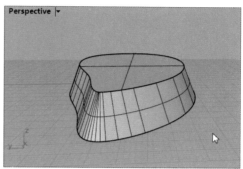

在选择"挤出曲面成锥状"命令对曲面进行挤出时，对应的命令行如下图所示。

> 挤出长度 < 9> （方向(D) 拔模角度(R) = -20 实体(S) =是 角(C) =圆角 删除输入物件(L) =否 反转角度(F) 至边界(T) 设定基准点(B))：

- **拔模角度**：为锥体设置拔模角度。物件的拔模角度是以工作平面为计算依据，当曲面与工作平面垂直时，拔模角度为 0 度；当曲面与工作平面平行时，拔模角度为 90 度。
- **角**：设定角的连续性的处理方式。
  - ■ **锐角**：锥状挤出时将曲面延伸，以位置连续 (G0) 填补挤出时造成的裂缝。
  - ■ **圆角**：锥状挤出时以正切连续 (G1) 的圆角曲面填补挤出时造成的裂缝。
  - ■ **平滑**：锥状挤出时以曲率连续 (G2) 的混接曲面填补挤出时造成的裂缝。
- **反转角度**：切换拔模角度的方向。

其他选项用户可以参考"挤出曲面"命令行的相关介绍。

5.2.4 沿着曲线挤出曲面

"沿着曲线挤出曲面"命令🔔用于将曲面沿着一条曲线挤出建立实体。具体操作为：首先选取工具栏"立方体：角对角、高度"建立实体命令集下"挤出曲面"命令集🔔里的"沿着曲线挤出曲面"命令，按照命令行的提示选择要挤出的曲面，按下Enter键完成选取。然后选取路径曲线在靠近起点处，如下左图所示。单击路径曲线后完成操作，挤出的效果如下右图所示。

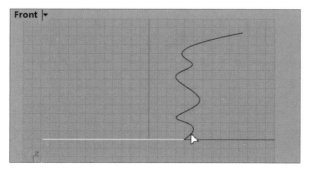 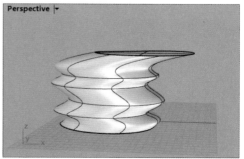

在选择"沿着曲线挤出曲面"命令对曲面进行挤出时，对应的命令行如下图所示。

选取路径曲线在靠近起点处（实体(S)=*是* 删除输入物件(D)=*否* 子曲线(U)=*否* 至边界(T) 分割正切点(P)=*否*）：

子曲线：在路径曲线上指定两个点为要挤出曲线的部分。曲线是由它所在的位置为挤出的原点，而不是由路径曲线上的起点开始挤出，在路径曲线上指定的两个点只决定沿着路径曲线挤出的距离。

子曲线为"是"时的操作步骤：在选取路径曲线在靠近起点处后，选取曲线上的起点，如下左图所示。然后在路径曲线上选取终点，即可完成操作，下右图为挤出的效果。

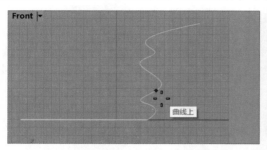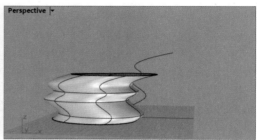

> **提示：曲面挤出默认方向**
>
> **非平面的曲线**：使用中工作视窗的工作平面 Z 轴为预设的挤出方向。
> **平面曲线**：与曲线平面垂直的方向为预设的挤出方向。

5.2.5 凸轂

"凸轂"命令 用于将封闭的平面曲线与曲线平面垂直的方向挤出至边界曲面，并与边界曲面组合成多重曲面。具体操作为：首先在工具栏"立方体：角对角、高度"下建立实体命令集下的"挤出曲面"命令集里选择"凸轂"命令，按照命令行的提示选取要建立凸缘的平面封闭曲线，按下Enter键完成选取，如下左图所示。然后选取边界，即可完成操作，效果如下右图所示。

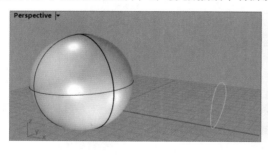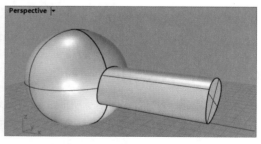

若要选取建立凸缘的平面封闭曲线在边界物体的内部，如下左图所示。则在建立完凸轂之后会在边界物件上挖出一个洞，如下右图所示。

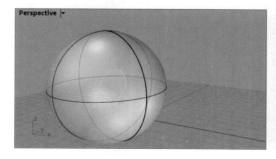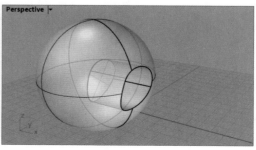

在封闭的平面曲线通过"凸毂"命令建立凸缘时，命令行如下图所示。

> 选取要建立凸缘的平面封闭曲线（模式(**M**)=*直线*）:

模式： 设定挤出方式。下左图为以直线挤出曲面的效果，下右图为以设定的拔模角度挤出曲面的效果。

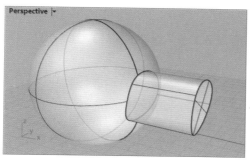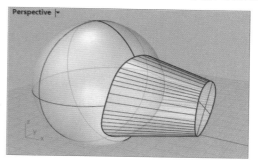

5.2.6 肋

"肋"命令🔘用于将曲线挤出成曲面，再往边界物件挤出，并与边界物件结合。具体操作为：首先选取工具栏"立方体：角对角、高度"建立实体命令集下的"挤出曲面"命令集🔲里的"肋"命令，按照命令行的提示选取要做柱肋的平面曲线，如下左图所示。在命令行中设定偏移距离，按下Enter键完成选取。然后选取边界即可完成操作，效果如下右图所示。

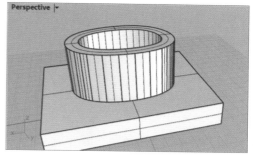

在封闭的平面曲线通过"肋"命令建立柱肋时，命令行如下图所示。

> 选取要做柱肋的平面曲线，按 **Enter** 完成 <**5.000**>（偏移(**Q**)=*曲线平面* 距离(**D**)=5 模式(**M**)=*直线*）:

● **偏移：** 相对于输入曲线的偏移方向。选择"曲线平面"时，输入的曲线为肋的平面轮廓时可以使用这个设定。选择"与曲线平面垂直"时，输入的曲线为肋的侧面轮廓时可以使用这个设定。例如下左图所示曲线，在选取该命令后单击命令栏复选项为"偏移=与曲线平面垂直"，然后根据提示选取要做柱肋的平面曲线，最后按下Enter完成选取，接下里选取边界完成操作效果如下右图所示。

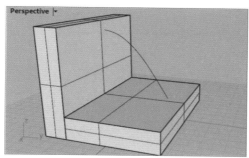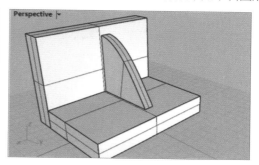

- **距离：** 设置偏移距离。
- **模式：** 设置为"直线"时，则以直线挤出曲线至边界；设置为"锥状"时，则以设定的拔模角度挤出曲线至界边。

实战练习 创建茶几造型

学习了挤出建立实体命令集里的命令后，接下来将通过创建茶几造型的实战案例来加深对所学习知识的理解。下面介绍具体的操作方法：

步骤01 首先需要绘制茶几面板，则运用立方体命令◉绘制一个长为60mm、宽为30mm、高为2mm的长方体，对其进行倒圆角，圆角半径设为0.5mm，如下左图所示。

步骤02 在Top视图中运用"圆：中心点、半径"◉命令，绘制半径为1.5mm的圆形平面线框，如下右图所示。

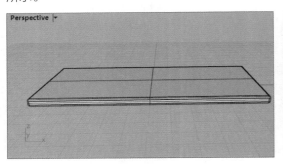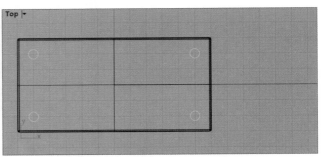

步骤03 下面拉成茶几的腿，首先在Front视图运用"肋"命令◉，将曲线拉伸成实体，设置距离为1mm，设置模式为锥形并且拔模角度设为2mm，效果如下左图所示。

步骤04 然后给茶几腿的底面倒圆角，尺寸设置为0.5mm，效果如下右图所示。

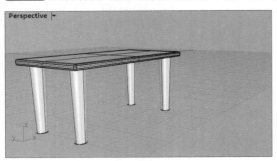

步骤05 接下来绘制茶几搁物板，首先运用"多重直线"命令绘制下左图所示的平面曲线。

步骤06 然后运用"挤出封闭的平面曲线"命令，将上一步制作好的曲线挤出，如下右图所示。

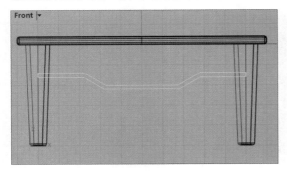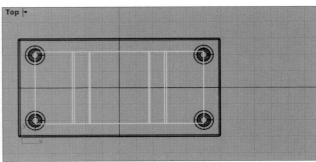

步骤07 复制制作好的搁物板模型，并且按鼠标中键隐藏。然后使用"布尔运算差集"命令 剪掉原来的搁物板模型。首先选取该命令，然后按照命令行的提示选取要被减去的多重曲面，按下Enter键完成操作，如下左图所示。

步骤08 然后选取要减去其他物件的多重曲面，按下Enter键即可，效果如下右图所示。

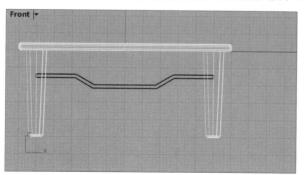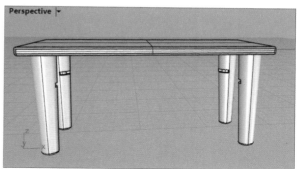

步骤09 将搁物板取消隐藏，如下左图所示。

步骤10 最后为茶几添加材质，最终效果如下右图所示。

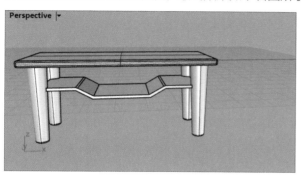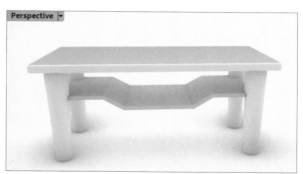

5.3 实体的修改

实体是封闭曲面或多重曲面形成的，用于不用将实体分解成单个曲面就可以进行编辑，使用Rhino的实体编辑命令可以在保持实体的情况下编辑实体。下左图为工具栏中"布尔运算联集"命令集下的布尔运算命令集。用户也可以在菜单栏的"实体"菜单列表中选择布尔运算集的相关命令，如下右图所示。

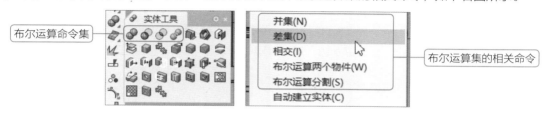

5.3.1 布尔联集

"布尔运算联集"命令 用于减去选取的多重曲面/曲面交集的部分，并以未交集的部分组合成为一个多重曲面。具体操作为：首先选取工具栏中的"布尔运算联集"命令，按照命令行的提示选取要并集的多重曲面，如下左图所示。然后按下Enter键完成操作，完成后的效果如下右图所示。

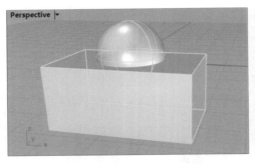 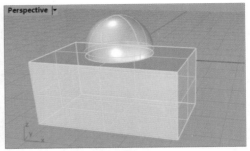

5.3.2 布尔差集

"布尔运算差集"命令用于以一组多重曲面或曲面减去另一组多重曲面或曲面以及与它交集的部分。具体操作为：首先选取工具栏下的"布尔运算联集"命令集🔵里的"布尔运算差集"命令🔵，按照命令行的提示选取要被减去的曲面或多重曲面，然后按下Enter键完成选取，如下左图所示。接下来选取要减去其他物件的曲面或多重曲面，选择球体后按下Enter键完成操作，效果如下右图所示。

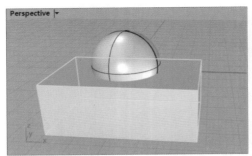 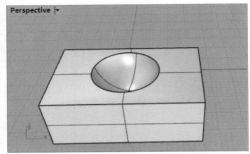

提示：布尔运算与曲面法线的联系

布尔运算是使用曲面法线方向决定保留和丢弃的部分。当执行布尔差集时却得到了布尔联集的结果，或者执行布尔联集却得到了布尔差集的结果时，都是因为物件的方向与用户期望的是相反的。如果一个或多个物件没有完全闭合，也会发生这种情况，这是因为Rhino无法确定未闭合物件哪边才是物件的外面，用户可以使用"分析方向"命令🔵查看物件的法线方向，然后通过反转选项更改物件的法线方向。完全闭合的物件在未反转法线之前，法线都是指向外面的。

5.3.3 布尔交集

"布尔运算交集"命令用以减去两组多重曲面或曲面未交集的部分。具体操作为：首先选取工具栏下的"布尔运算联集"命令集🔵里的"布尔运算交集"命令🔵，然后按照命令行的提示选取第一组曲面或多重曲面，如下左图所示。然后按下Enter键完成操作，接下来继续选取第二组球体，然后按下Enter键完成操作，效果如下右图所示。用户可以对照三个布尔运算进行比较，加深对每个运算的理解。

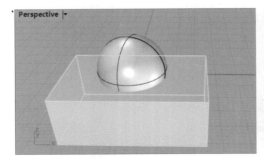 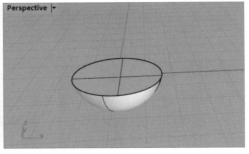

实战练习 创建电视机模型

在学习了布尔运算命令集的相关应用后，下面以创建液晶电视机模型为例进一步加深对布尔命令集的理解。下面介绍具体操作方法。

步骤 01 首先建立电视机的外轮廓线，运用工具栏"矩形：角对角"命令集口下的"矩形：中心点、角"命令，以原点为中心点创建三个矩形，具体尺寸可以参考网格数，如下左图所示。

步骤 02 复制三个矩形，然后在Right视图依次排列，排列效果如下右图所示。

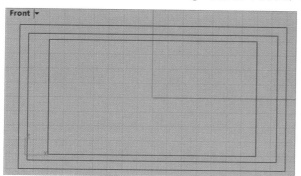
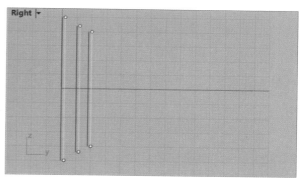

步骤 03 选择工具栏"指定两个或三个角建立曲面"命令集下的"放样"命令，对制作的矩形进行放样处理，效果如下左图所示。

步骤 04 然后选取工具栏"布尔运算联集"命令集下的"将平面洞加盖"命令，按照命令行的提示选取要加盖的曲面或多重曲面，然后选取制作好的电视机壳，按下Enter键完成操作，效果如下右图所示。

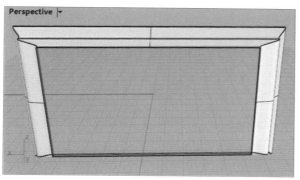
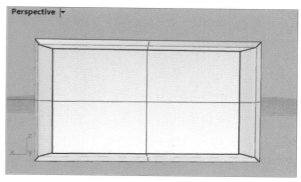

步骤 05 接下来绘制电视机的液晶显示屏，首先运用"立方体：角对角、高度"命令，绘制下左图所示的长方体，宽度为1格。

步骤 06 在Right视图中调整上一步制作好的液晶显示屏的位置，如下右图所示。

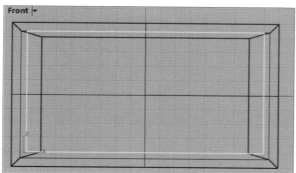
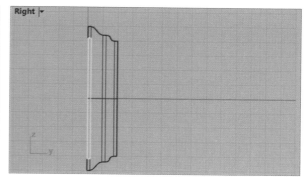

步骤 07 然后运用本节学的"布尔运算差集"命令 ◉ 将电视机与液晶显示器进行布尔差集，并在命令行中设置"删除输入物件"为"否"，效果如下左图所示。

步骤 08 接下来制作电视机的电源灯以及遥控信号灯，首先运用"圆柱体"工具 ◉ 在电视机的右下角建立下右图所示的圆柱体，半径参考格点，高度为2格。

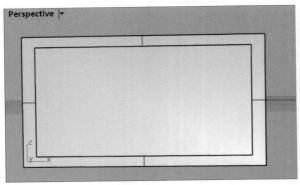
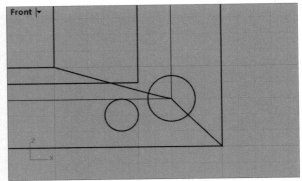

步骤 09 在Right视图中调节指示灯的位置，如下左图所示。可以运用CTRL+← 快捷键辅助移动。

步骤 10 为指示灯倒圆角，圆角半径设为0.2mm，效果如下右图所示。

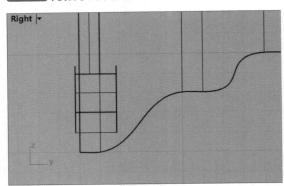
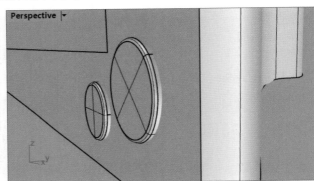

步骤 11 下面创建电视机的支架部分，运用"圆柱体"工具 ◉ 在Right视图电视机中间部位创建圆柱体，如下左图所示。圆柱体的半径参照格点，高度为1格。

步骤 12 复制上一步制作好的圆柱体，然后在Front视图中调整位置，如下右图所示。然后选择电视机外壳与两个圆柱体进行布尔运算联集处理。

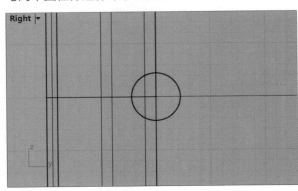
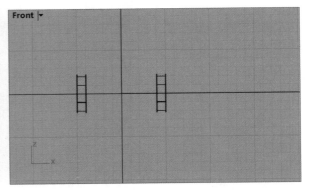

步骤 13 在前视图中运用"立方体：角对角、高度"命令 ◉ 绘制长方体，宽度为2格，如下左图所示。

步骤 14 为刚制作的模型倒圆角处理，圆角半径为0.4mm，效果如下右图所示。

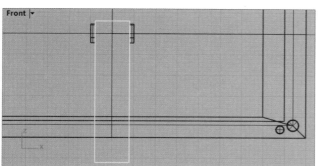 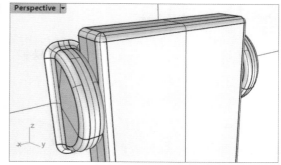

步骤 15 运用"多重直线" ∧ 与"圆弧"命令 ⌐ 在Top视图中绘制平面曲线，如下左图所示。

步骤 16 运用"挤出曲线成锥形" 🔔 命令，将平面曲线挤出，设置拔模角度为5、距离为2，如下右图所示。

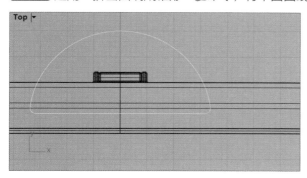 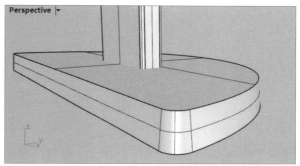

步骤 17 将制作好的底座与长方条进行联集处理，然后为边缘倒圆角，圆角半径设置为0.5mm，效果如下左图所示。

步骤 18 此时电视机已经做完了，然后为电视机添加一个简单的材质，效果如下右图所示。

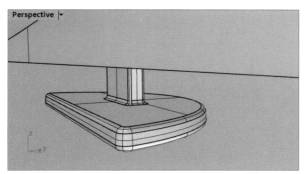 

5.4 实体倒角

　　在Rhino建模中，设计产品模型的倒角是非常重要的，若模型没有倒角，就会留下很多尖锐的边缘，不但影响美观，并且在模型渲染时影响模型的真实性。所以全面掌握倒角工具的应用对模型的建立是至关重要的，也是对模型质量的严格要求。在设计产品时，实体倒角使用相对较多，所以关于实体倒角失败的问题也相对较多。

　　下面将介绍实体的边缘倒角、圆管倒角法以及倒角后撕裂面修补的技巧与方法，这三种操作是我们在建模过程中最常见的。

5.4.1　边缘倒角

倒角的目的是便于用户圆滑模型、过渡相关的边缘及棱角。边缘倒角需要注意的是整体倒角，建立整体建模的思想，还要注意的是倒角大小，这些问题在建模倒角时是最常见的。下面将介绍整体倒角原理，首先我们介绍错误的倒角方法，如下左图所示。先将其中一条边缘倒角，然后对另外一条边缘倒角，此时会发现这条边缘无法衔接第一次倒的圆角，意味着倒角失败，如下右图所示。

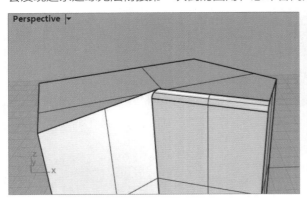
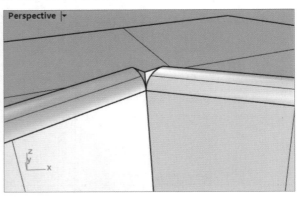

按下左图所示选取需要倒角的边缘整体来进行倒角，效果如下右图所示。整体倒角比较简单，也是最基本的倒角技能，希望用户在建模过程中要有整体倒角的概念，能一起倒角的就不要分开进行。

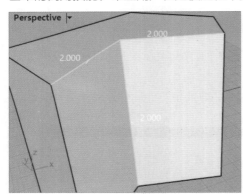
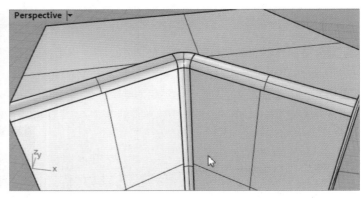

下一个需要注意的是倒角大小及先后顺序，这是我们在建模过程中常遇到的问题。由于对模型的倒角很少遇到相同的处理方式，因此我们常常要匹配不同的数值来倒角，倒角大小及先后顺序都会涉及到一个最本质的问题，那就是圆半径。接下来重点讲解这个问题，下左图所示的模型圆角数值为 1mm，也就是说这个边缘圆角的半径数值为1mm，进行半径标注，如下右图所示。

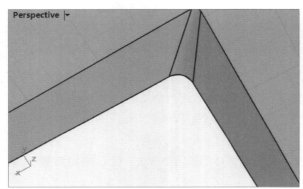
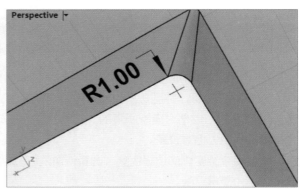

那么，此时中心点的位置也明确了，再设置侧面倒角数值为0.8mm，可见倒角成功，未出现破角，如下左图所示。在Top视图中可见衔接面边缘线未相交，也就是说未超过之前圆角的中心点，如下右图所示。

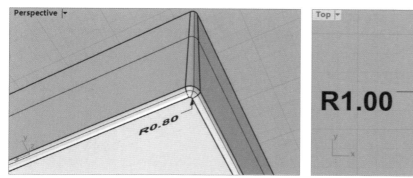 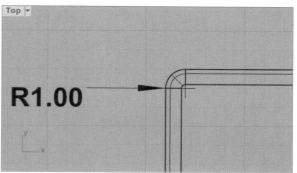

接着取圆角值为0.98mm，观察一下效果，如下左图所示。发现衔接面逐渐接近之前的圆角中心点，如下右图标注所示。

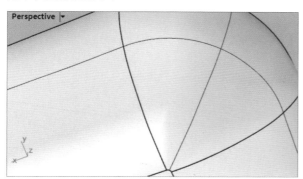 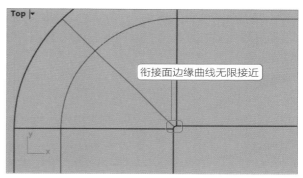

下面取圆角数值大于或等于1mm的数值，例如1.2mm，如下左图所示。发现这时出现破角，即倒角失败。下右图可以发现衔接面边缘曲线相交于一点且超出之前圆角中心点。

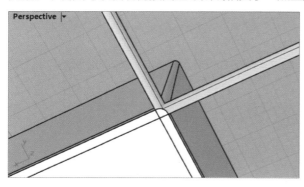 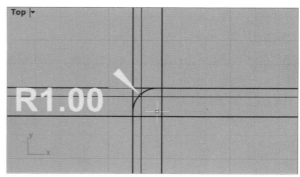

综上所述，圆角处理的实质在于半径的设置。掌握好圆角半径的大小以及先后顺序是对不同数值圆角进行倒角的关键，也就是说在先后倒角的情况下，大半径圆角无法过渡小半径圆角。

5.4.2 倒角后撕裂面的修补

虽然大多数实体边缘在倒角时注意技巧就可以倒角成功，但是也有一些复杂的实体边缘是不可能倒角成功的，在倒角后总是会产生破面，这就需要我们不仅要学会倒角的技巧，还要学会倒角失败后对撕裂面进行修补的操作方法。

步骤 01 首先创建52mm*52mm*13mm立方体与高度为12mm的四分之一内切圆柱体，并用布尔联集功能将其结合，给模型标黄的边缘倒圆角，圆角半径为3mm，如下左图所示。

步骤 02 两个圆角曲面在交汇处发生错误，倒角失败产生破面，效果如下右图所示。

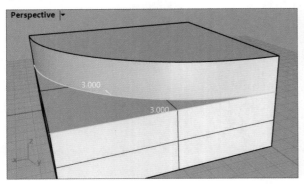
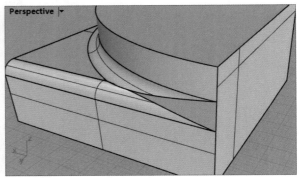

步骤 03 下面进行修补破面，首先打开"物件锁点"模式 物件锁点 ，勾选"端点"捕捉☑端点 ，然后运用工具栏下"单点"命令 。捕捉两个圆角同侧边缘相交的位置，如下左图所示。

步骤 04 然后选取工具栏"投影曲线"命令集 下的"抽离结构线"命令 ，捕捉上一步绘制的点，制作两条曲线，如下右图所示。

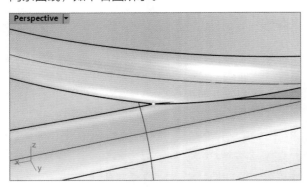
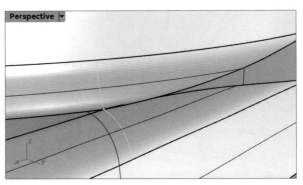

步骤 05 运用"修剪"命令 将曲线右面的撕裂面剪掉，如下左图所示。

步骤 06 然后捕捉上一步修剪的曲面边缘，再次运用工具栏"投影曲线"命令集 下的"抽离结构线"命令 制作两根曲线，如下右图所示。

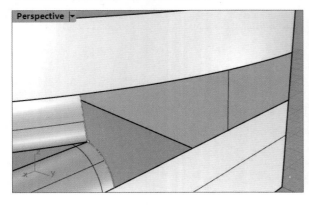
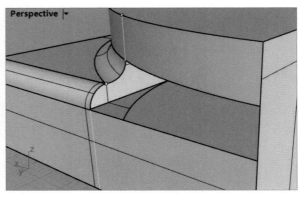

步骤 07 然后运用"分割"命令 ，把这两个曲面分割，如下左图所示。也可以直接右击"分割"命令使用"以结构线分割曲面"命令。

步骤 08 下面制作倒角撕裂面的最后一个边缘，首先运用工具栏"多重直线"命令 ⋀，捕捉上下两个曲面的右边缘同侧端点建立下右图所示的直线。

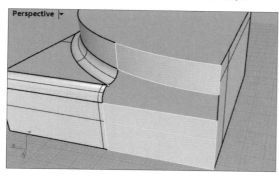 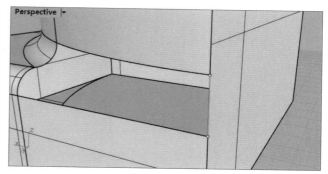

步骤 09 将刚刚做好的直线，沿着上曲面的切线方向挤出曲面，如下左图所示。

步骤 10 辅助修补工作已经完成，下面开始修补。选取工具栏"指定三或四个角建立曲面"命令集 下的"嵌面"命令，选取刚刚做好的五个曲面边缘生成曲面，弹出"嵌面曲面选项"对话框，设置UV方向跨距为30，效果如下右图所示。跨距数越高，曲面间的缝隙越小，平滑度越高。

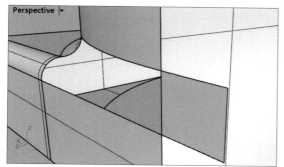 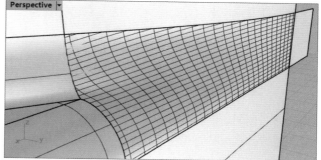

步骤 11 打开斑马纹查看曲面间的平滑度，可以看到嵌面得到的曲面平滑度还是不错的，修补得很自然，如右图所示。

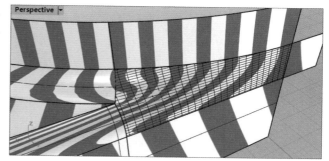

5.4.3　圆管倒角

倒角的原理为距两边一个相等的距离也就是倒角半径生成一个球体像滚雪球一样留下的圆管轨道印迹的四分之一面即是倒角面。明白了原理后再遇到那些复杂相交面不支持倒角时，我们可以直接按照原理来手动操作倒角。下面是具体的圆管倒角操作。

步骤 01 首先创建四个平面构成的模型，如下左图所示。这里所有的边缘衔接都是位置关系，并且涉及四面集点，用直接倒角工具是行不通的，我们尝试一下用绘制圆管面的形式来处理圆角。

步骤 02 首先选取工具栏"投影曲线"命令集 下的"复制边缘"命令 ，复制要倒角的边缘线并且延长，如下右图所示。

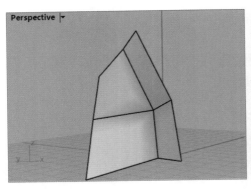 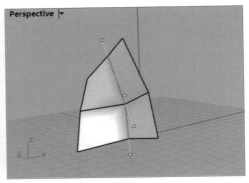

步骤 03 然后运用"圆管"命令 🌑 以曲线建立圆管，圆管的半径就是要倒角的半径，如下左图所示。

步骤 04 用圆管剪切掉要倒角的棱角部分，并且把圆管删掉，如下右图所示。

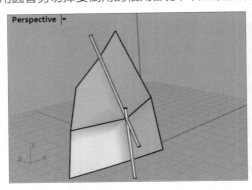 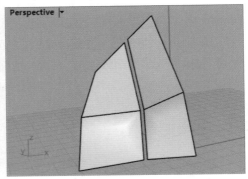

步骤 05 运用"混接曲线"命令 ，建立边缘曲线，如下左图所示。

步骤 06 以此线为断面曲线，进行双规扫掠，效果如下右图所示。

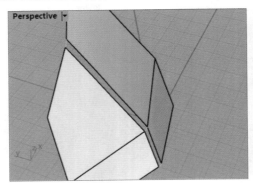 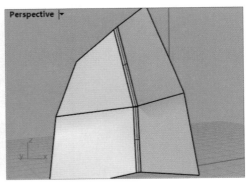

步骤 07 重复前面的步骤，再切掉另一方向的交界面
上的棱线，并绘制好弧面，完成倒角，如右图所
示。如果涉及到更多面需要倒角，可参考此方法，
逐步完成倒角。

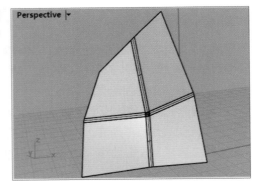

5.5 边缘斜角和圆角

边缘斜角与圆角是曲面之间的过渡，可以避免模型出现尖锐的边缘，让模型更加圆滑。本节将具体介绍边缘的斜角与圆角操作方法。

"边缘斜角"命令用于在多重曲面上选取的边缘建立等距或不等距的斜角曲面，修剪原来的曲面并与斜角曲面组合在一起，是曲面之间的直线过渡。具体操作为：首先选取工具栏"布尔运算联集"命令集下的"边缘斜角"命令，如下左图所示。然后在命令行设置"下一斜角距离"为5mm，按照命令行的提示选取要建立斜角的边缘，按下Enter键完成操作，效果如下右图所示。

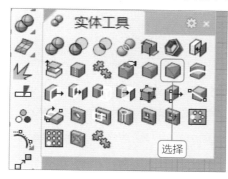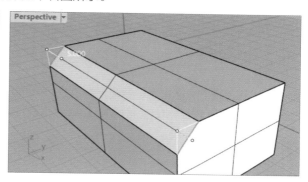

接下来选取要编辑的斜角控制杆，也可以在命令行中选择"新增控制杆"选项，如下左图所示。编辑完成后按下Enter键完成操作，效果如下右图所示。

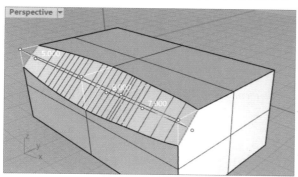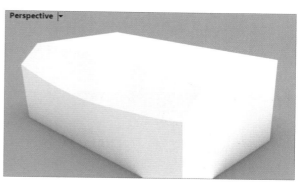

"边缘圆角"命令用于在多重曲面上选取的边缘建立等半径或不等半径的圆角曲面，修剪原来的曲面并与圆角曲面组合在一起。具体操作为：首先选取工具栏"布尔运算联集"命令集下的"边缘圆角"命令，如下左图所示。然后在命令行设置"下一个半径"为5mm，按照命令行的提示选取要建立圆角的边缘，按下Enter键完成操作，效果如下右图所示。

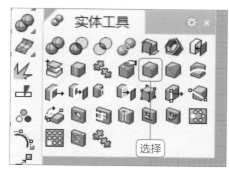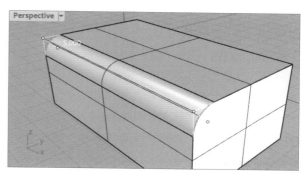

　　接下来选取要编辑的圆角控制杆，也可以在命令行中选择"新增控制杆"选项，如下左图所示。编辑完成后按下Enter键，效果如下右图所示。

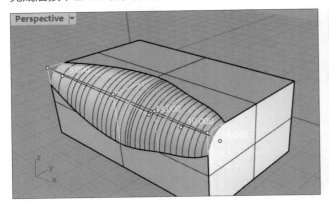 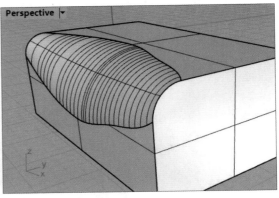

在创建边缘斜角或边缘圆角选取要建立斜角或圆角的边缘时，命令行如下图所示。

> 选取要建立斜角的边缘（显示斜角距离(S)=是 下一个斜角距离(N)=5 连锁边缘(C) 面的边缘(F) 预览(P)=是 上次选取的边缘(R) 编辑(E)）：

> 选取要建立圆角的边缘（显示半径(S)=是 下一个半径(N)=5 连锁边缘(C) 面的边缘(F) 预览(P)=是 上次选取的边缘(R) 编辑(E)）：

- **显示斜角距离/显示半径**：选取边缘时显示斜角距离/圆角半径。
- **下一个斜角距离/下一个半径**：设定下一个选取的边缘使用的斜角距离/圆角半径。
- **连锁边缘**：选取与已选取曲线相连接的曲面边缘。
- **面的边缘**：将所选面的边缘添加到要生成斜角/圆角边缘的集合中。具体步骤为：选择该选项后，在命令行的提示下选取多重曲面中的面，按下Enter键完成选取，如下左图所示。然后按照命令行的提示添加或移除边缘，按下Enter键完成操作。接下来选取并编辑控制杆，然后按下Enter键完成操作，效果如下右图所示。

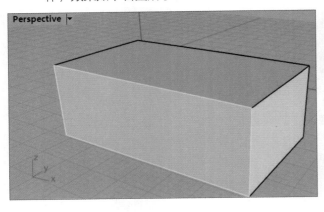 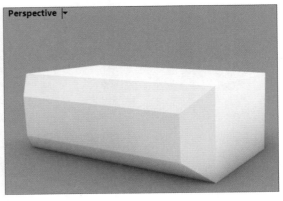

- **预览**：显示选项更改的效果。
- **上次选取的边缘**：为了避免中途取消指令，下次执行指令时需要重新选取边缘的不便，使用这个选项直接选取上次选取的边缘，该指令可以记录最多20组选取的边缘。
- **编辑**：允许修改现有斜角距离/圆角的半径。

在创建边缘斜角或边缘圆角选取要编辑的斜角或圆角控制杆时，命令行状态如下图所示。

> 选取要编辑的斜角控制杆，按 Enter 完成（显示斜角距离(S)=是 新增控制杆(A) 复制控制杆(C) 设置全部(T) 连结控制杆(L)=否 路径造型(R)=滚球 选取边缘(D) 修剪并组合(I)=是 预览(P)=是）：

> 选取要编辑的圆角控制杆，按 Enter 完成（显示半径(S)=是 新增控制杆(A) 复制控制杆(C) 设置全部(T) 连结控制杆(L)=否 路径造型(R)=滚球 选取边缘(D) 修剪并组合(I)=是 预览(P)=是）：

- **新增控制杆：** 沿着边缘新增控制杆。
- **复制控制杆：** 以选取的控制杆的斜角距离/圆角半径建立另一个控制杆。
- **设置全部：** 设定全部控制杆的距离或半径。
- **连结控制杆：** 编辑单一控制杆更新所有其它控制杆。
- **路径造型：** 若选择"与边缘距离"，则以到边缘的距离画出曲面的修剪路径；若选择"滚球"，则以滚球的半径画出曲面的修剪路径；若选择"路径间距"，则以两个曲面的修剪路径之间的距离画出曲面的修剪路径。
- **选取边缘：** 在选取边缘操作后再选取更多的边缘。
- **修剪并组合：** 以结果曲面修剪原来的曲面并组合在一起，并且只有当"修剪并组合"为"否"时记录建构历史才有效。

提示：建模技巧

使用"合并全部的面"命令或其他建模方法时应尽可能地减少边缘数量。建立圆角曲面修剪与组合相邻的曲面时，相交边缘越少，出错越少。

 ## 知识延伸：将平面洞加盖

　　"将平面洞加盖"命令用以平面填补曲面或多重曲面上边缘为平面的洞，洞的边缘必需是封闭而且是平面的才可以填补。具体操作为：首先选取工具栏"布尔运算联集"命令集下的"将平面洞加盖"命令，如下左图所示。然后按照命令行的提示选取要加盖的曲面或多重曲面，按下Enter键完成操作，如下右图所示。

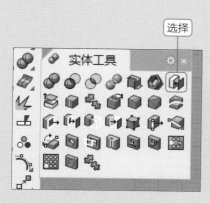

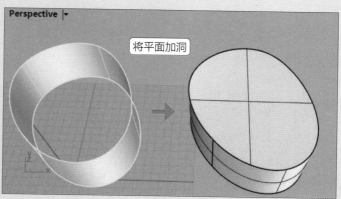

 ## 上机实训：创建客厅电视柜造型

　　介绍完实体创建与编辑的相关操作后，下面将运用这些实体创建命令创建家庭客厅电视柜模型，具体操作步骤介绍如下。

步骤 01 使用立方体工具，绘制一个长、宽、高分别为150mm、50mm、20m的长方体，如下左图所示。

步骤 02 接着绘制长、宽、高分别为60mm、30mm、30mm的立方体，如下右图所示。

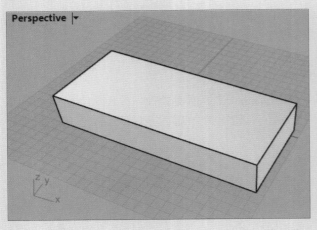
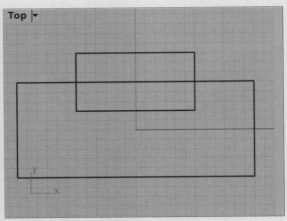

步骤 03 然后调整两个立方体的位置，效果如下左图所示。

步骤 04 执行"布尔运算差集"命令 ，用大长方体减去小长方体，得到的形状如下右图所示。

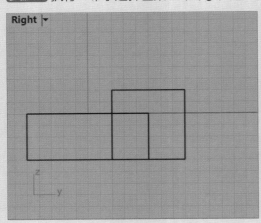
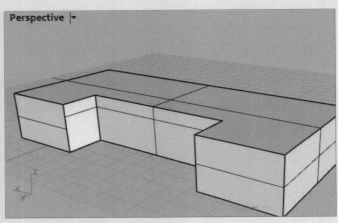

步骤 05 绘制边沿的修剪体，如下左图所示。

步骤 06 打开"物件锁点"模式，进行端点捕捉，绘制一个长、宽、高分别为120mm、3mm、18mm的长方体，如下右图所示。

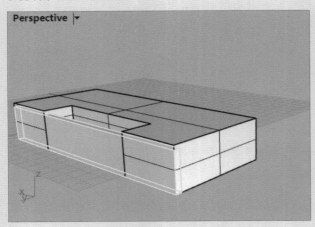
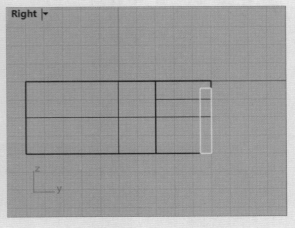

步骤 07 执行"布尔运算差集"命令 ，减去上一步做好的长方体，得到下左图所示的电视柜的底座模型。

步骤 08 同样的方法对电视柜中间凹进去的部分进行布尔运算差集，效果如下右图所示。

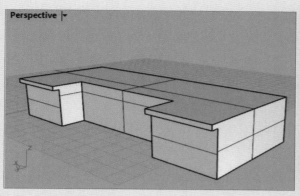 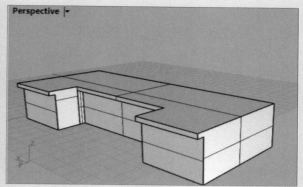

步骤 09 对桌面进行倒圆角处理，设置圆角参数为0.3mm，效果如下左图所示。

步骤 10 接下来绘制抽屉外部面板，首先绘制一个长方体，大小正好是切去的部分，如下右图所示。

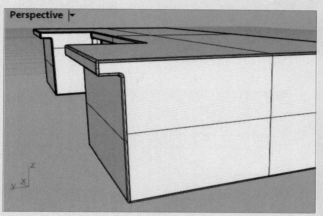 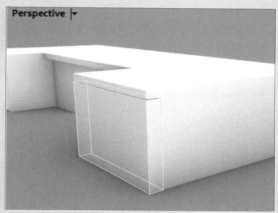

步骤 11 要绘制把手部分，则首先绘制放样线条，运用"圆：中心点、半径"命令⊘绘制下左图所示的一系列线框。

步骤 12 然后复制线框，在Right视图中调整线条的位置，如下右图所示。选择"单点"命令，在最外面圆心放置一个点。

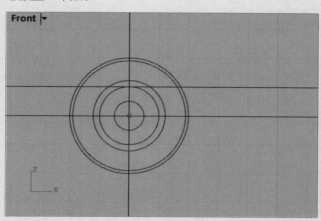 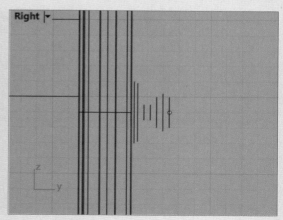

步骤 13 要放样曲线成曲面，则选择"放样"命令⊘，然后按照命令行的提示依次选择同心圆与点，按下Enter键完成操作。"放样选项"对话框中的参数设置如下左图所示。

步骤 14 放样的把手效果图，如下右图所示。

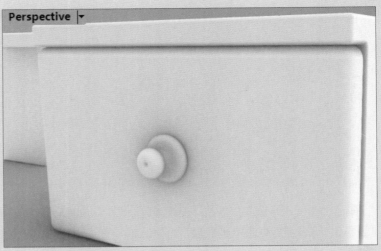

步骤15 运用"镜像"命令 ⚶，将刚才做的抽屉与把手镜像到另一边，效果如下左图所示。

步骤16 要绘制中间的抽屉，则执行"长方体：角对角、高度"命令 ▣，绘制一个长方体，高度为5mm，效果如下右图所示。

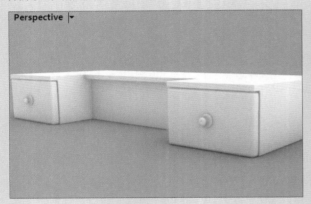

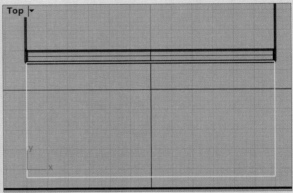

步骤17 复制上一步制作的长方体，并在Front视图中调整位置，如下左图所示。

步骤18 执行"布尔运算差集"命令，用电视柜减去刚刚做的两个长方体，并将产生的边缘倒圆角，圆角半径为0.3mm，效果如下右图所示。

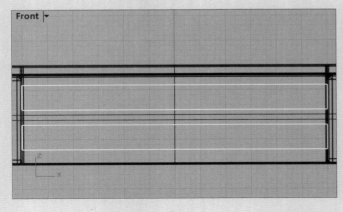

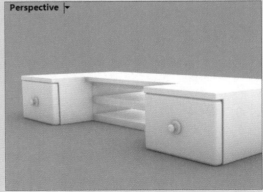

步骤 19 接下来绘制柜子的上面部分，首先绘制金属支架。在Top视图运用"圆柱"命令 ，绘制高为10mm、半径为2mm的圆柱体，如下左图所示。

步骤 20 要绘制电视柜的上板面，则首先绘制一个长、宽、高分别为70mm、35mm、2mm的长方体，并对其进行倒圆角，圆角半径为0.3mm，效果如下右图所示。

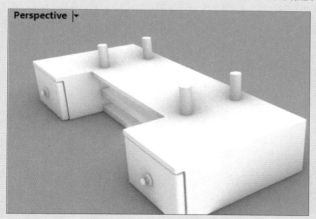
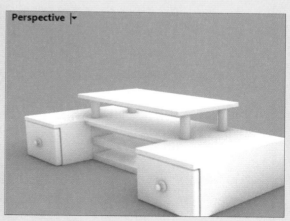

步骤 21 此时电视柜已经制作完成，给电视柜添加一个简单的材质，效果如下图所示。

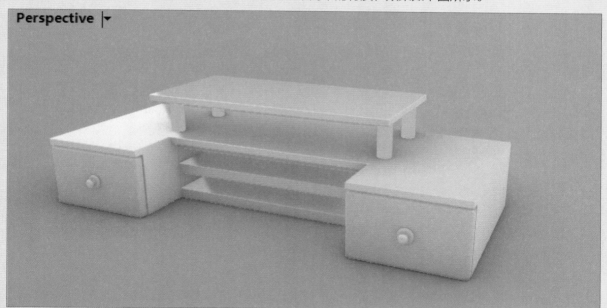

课后练习

1. 选择题

（1）在Rhino 6.9中，布尔运算集不包括（　　）。

　　A. 联集　　　　　　　B. 并集　　　　　　　C. 交集　　　　　　　D. 差集

（2）标准实体包括单一曲面实体与多重曲面实体，（　　）可以将其自身环绕包裹组合在一起，例如球体、环状体和椭球体。

　　A. 单一曲面　　　　　B. 多重曲面　　　　　C. 空间曲面　　　　　D. 封闭曲面

（3）在曲面挤出中挤出的默认方向是指：非平面的曲线 – 使用中工作视窗的工作平面（　　）轴为预设的挤出方向。平面曲线 – 与曲线平面（　　）的方向为预设的挤出方向。

　　A. X、平行　　　　　B. X、垂直　　　　　C. Y、垂直　　　　　D. Z、垂直

（4）多重曲面是由两个或以上曲面组合而成的，当多重曲面包裹形成一个封闭空间以后它就是实体。下面是多重曲面实例的是（　　）

　　A. 球、环状体　　　B. 立方体、圆锥体　　C. 椭圆体、球　　　D. 圆管、曲面

2. 填空题

（1）两侧是指在起点的_____挤出物件，建立的物件长度为用户指定的长度的两倍。

（2）在挤出曲面成锥形时，命令行复选项拔模角度是指：为椎体设置拔模角度。物件的拔模角度是以工作平面为计算依据，当曲面与工作平面垂直时，拔模角度为_____度。当曲面与工作平面平行时，拔模角度为_____度。

（3）立方体可以通过_____、_____、_____、_____等条件建立长方体。

（4）执行凸毂命令时，用户可以在命令行中设定。其中直线是指以直线挤出曲面；锥状是指以设定_____挤出曲面。

3. 上机题

下面将利用本章所学知识创建一个书桌模型，对所学知识进行巩固。首先创建长、宽、高分别为90mm、40mm、80mm的立方体，如下左图所示。桌子模型的最终效果如下右图所示。

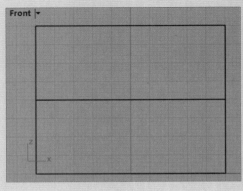 

操作提示

（1）通过本章学习的布尔运算集合，制作出桌子的储物台。

（2）然后给桌子的桌面板倒圆角，圆角尺寸为0.5mm。

Chapter 06 网格建模

本章概述

相比前几章绘制物件的曲面建模方式，本章我们将介绍一种新的建模方式，即多边形建模也叫网络建模。网格建模虽然没有曲面建模模型那么圆滑，但网格建模更加精确并且计算量少，大大提高建模效率。本章将介绍网格模型的创建以及编辑操作。

核心知识点

1 了解网格及其建模原理
2 掌握网格模型的创建方法
3 掌握网格的编辑方法
4 掌握网格面的导入与导出操作

6.1　了解网格

　　网格是一个定义多面体形状顶点与网格面的集合，Rhino的网格是由三角形或四角形的网格面所构成。随着计算机硬件和计算机图形学及其相关技术的发展，计算机图形的建模技术也得到了迅猛的发展，科学计算可视化、计算机动画和虚拟现实等技术在工程应用中得到了广泛的使用，这些技术的实现都离不开对真实物体的三维建模。网格建模技术作为一种常见的三维建模方法，是最早采用的一种建模方法，虽然在犀牛中不是很常用，但这是大多数建模软件默认的建模类型。该建模方式的原理就是用小平面来模拟曲面，从而制作出各种形状的三维物体。

6.1.1　关于网格面

　　以网格曲线为骨架，蒙上自由曲面生成的曲面称之为网格面。网格曲线是由特征线组成横竖相交线。网格面的生成思路：首先构造曲面的特征网格线，确定曲面的初始骨架形态，然后用自由曲面插值特征网格线生成曲面。特征网格线可以是曲面边界线或曲面截面线等等。

6.1.2　网格面与NURBS曲面的关系

　　通过转换曲面或多重曲面为网格命令，可以将NURBS几何图形转换为可以导出的多边形网格。除此以外，还有一些网格生成命令，如网格球体、网格立方体、网格圆柱体等都可以生成网格物件。但是却没有什么简单的方法能把网格模型转为NURBS曲面模型，因为定义这两种几何图形的算法和记录的信息是完全不同的，但是Rhino 6.9提供了很多命令可以在网格上绘制曲线、提取网格顶点、从网格上获取其他信息等，这些功能可以辅助用户通过网格模型建立 NURBS 曲面模型。

　　需要注意的是，以转换曲面或多重曲面为网格命令建立的是可见、可编辑的网格，而且可以与 NURBS 物件分离。而在任何着色显示模式从 NURBS 物件建立的渲染网格，除了可以使用更新曲面物件的着色网格命令重建以外无法进行其它编辑，但可以使用抽离物件的着色网格抽离。

　　相较于一般先利用多项式函数生成光滑的几何面片，然后添加边界约束条件拼接不同的面片，最终形成光滑的几何模型的NURBS曲面建模。而网格建模基于点线和多边形，不需要更多的计算量就可构建出任意的拓扑形状，建模相对灵活，但是却没有NURRBS曲面建处的模型光滑。下左图为NURBS曲面创建的球体模型，下右图为网格球体模型。

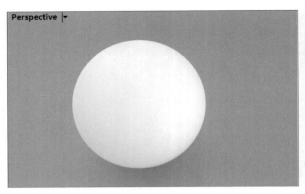 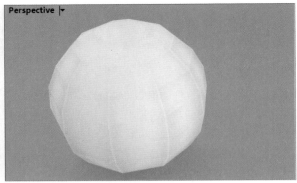

6.2 创建网格模型

有很多建模师使用多边形网格表现用于渲染、动画、立体光刻、可视化、有限元分析等几何图形时，通过转换曲面或多重曲面为网格指令，可以将 NURBS 几何图形转换为可以导出的多边形网格。除此以外，还有一些网格生成命令，如网格球体、网格立方体、网格圆柱体等，可以生成网格物件。用户可以执行横向工具栏中"网格工具"选项下的"网格"命令，也可以在菜单栏中选择"网格❶>网格基本物件❷"子菜单中的命令❸进行操作，如下图所示。本节我们具体介绍这些命令的使用方法。

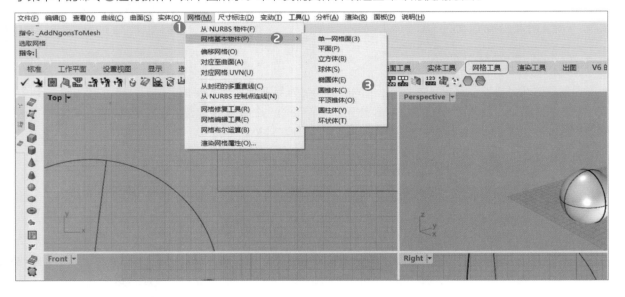

6.2.1 转换曲面/多重曲面为网格

"转换曲面/多重曲面为网格"命令用于从NURBS曲面或多重曲面建立网格物件。网格是定义多面体形状的顶点与网格面的集合，Rhino 6.9里的网格是由三角形或四角形的网格面所构成。Rhino建立的网格可以使用许多格式输出，从曲面实体转换而来的网格必定是没有缝隙(水密)的。

具体的操作步骤为：首先选取工具栏中"转换曲面/多重曲面为网格"命令，然后按照命令行的提示选取要转换网格的曲面、多重曲面或挤出物件。这里以下左图所示的球体为例，选取该球体并按下Enter键，此时会弹出"网格选项"对话框，预览及设定网格转换选项后，单击"确定"按钮完成操作，转换后的网格球体如下右图所示。

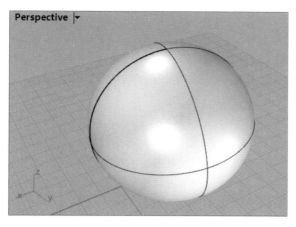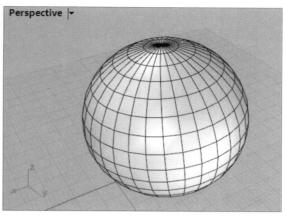

使用"转换曲面/多重曲面为网格"命令转换曲面、多重曲面或挤出物件为网格时，会弹出下左图所示的"网格选项"对话框，下面对该对话框中相关选项的含义进行介绍。

- **网格面较少/网格面较多**：调整滑块的位置，粗略地控制网格的密度。
- **预览**：渲染网格的设定修改后可以单击该按钮预览效果，不满意可以再进一步修改设定。
- **高级设置**：单击该按钮，将打开"网格详细设置"对话框，如下右图所示。

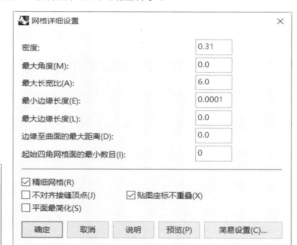

下面对"网格详细设置"对话框中相关选项的含义进行介绍。

- **密度**：以一个方程序控制网格边缘与原来的曲面之间的距离，数值介于0与1之间，数值越大建立的网格面越多。
- **最大角度**：设定相邻的网格面的法线之间允许的最大角度，如果相邻的网格面的法线之间的角度大于这个设定值，网格会进一步细分，网格的密度会提高。
- **最大长宽比**：曲面一开始会以四角形网格面转换，然后进一步细分。起始四角网格面大小较平均，这些四角网格面的长宽比会小于最大长宽比的设定值。
- **最小边缘长度**：当网格边缘的长度小于最小边缘长度的设定值时，不会再进一步细分网格。
- **最大边缘长度**：当网格边缘长度大于设定值时，网格会进一步细分，直到所有的网格边缘的长度都小于设定值。
- **边缘至曲面的最大距离**：网格会一直细分，直到网格边缘的中点与NURBS曲面之间的距离小于该设定值。

- **起始四角网格面的最小数目：** 该参数设置是将 NURBS 曲面转换成网格的第一阶段，建立起始四角网格面时并不会考虑曲面的修剪边缘。在起始四角网格面建立完成以后才会开始将曲面的修剪边缘与四角网格面连接，如果勾选"精细网格"复选框，网格面会再进一步细分。
- **精细网格：** 勾选该复选框，网格转换开始后，Rhino会一直不断地细分网格，直到网格符合最大角度、最小边缘长度、最大边缘长度及边缘至曲面的最大距离的设定值。
- **不对齐接缝顶点：** 勾选该复选框，所有曲面可以独立转换网格，转换后的网格在每个曲面的组合边缘处会产生缝隙，可用于网格转换目的不需要水密的网格。取消勾选该复选框，才可以建立水密的网格。不对齐接缝顶点时，网格转换较快，网格面较少，但渲染时会在曲面的组合边缘处出现缝隙。
- **平面最简化：** 勾选该复选框，转换网格时先分割边缘，然后以三角形网格面填满边缘内的区域。修剪边缘复杂的平面以这个选项转换网格速度较慢、网格面较少。
- **贴图座标不重叠：** 勾选该复选框，使多重曲面中每个曲面的贴图座标不重叠。
- **预览：** 单击该按钮工作视窗里物件的渲染网格才会更新。

6.2.2　创建单一网格面

"单一网格面"命令 ⬚ 用于绘制单一网格面，边的数量没有限制。具体操作步骤为：首先单击横向工具栏网格工具，然后选取"单一网格面"命令，按照命令行的提示选取多边形的第一个角，如下左图所示。选取多边形的第二个角以及第三个角，一个网格至少要有三个点，最后可以指定更多的点并按下Enter键创建一个面，如下右图所示。

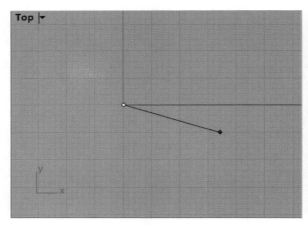
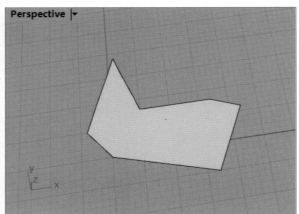

6.2.3　创建网格平面

"网格平面"命令 ⬚ 用于创建一个矩形的网格平面。绘制方法与矩形的创建方法大体相同，用户可以参考矩形的创建方法创建网格平面。唯一区别是，网格平面可以设置X方向面的数量以及Y方向面的数量，其命令行如下图所示。

矩形的第一角（三点(P) 垂直(V) 中心点(C) 环绕曲线(A) X数量(X) = 10 Y数量(Y) = 10）:

6.2.4　创建网格标准体

网格的标准体有网格立方体、网格圆柱体、网格圆锥体、网格平定椎体、椭圆体、网格球体以及网格圆环体等。网格标准体与曲面标准体的创建方法大体相同，也可理解为由"转换曲面或多重曲面为网格"命令将曲面标准体转换为网格标准体。

在创建网格立方体🔲时，命令行如下图所示。其中"X数量"表示X方向面的数量，"Y数量"表示Y方向面的数量，"Z数量"表示Z方向面的数量。

> 底面的第一角（对角线(D) 三点(P) 垂直(V) 中心点(C) X数量(X) = 10 Y数量(Y) = 10 Z数量(Z) = 10):

在创建椭圆体🔵时，命令行如下图所示。其中"方向一的面数"和"方向二的面数"选项分别用于设定两个方向使用的网格面数。

> 椭圆体中心点（角(C) 直径(D) 从焦点(F) 环绕曲线(A) 方向一的面数(S) = 10 方向二的面数(N) = 10):

在创建网格圆柱体🔵、网格圆锥体🔺、网格平定椎体🔺、网格球体🔵以及网格圆环体🔵时，以网格圆柱体为例，其命令行如下图所示。其中"环绕面数"选项用于设置围绕在一周的面的数量，"垂直面数"选项用于设置从基点到顶点面的数量。

> 圆柱体底面（方向限制(D) = 垂直 实体(S) = 是 两点(P) 三点(O) 正切(T) 逼近数个点(F) 垂直面数(V) = 10 环绕面数(A) = 10):

6.3 网格编辑

与曲面模型一样，在Rhino的菜单栏中也包含多种网格编辑命令，如下左图所示。用户也可以在工具栏中选择"转换曲面/多重曲面为网格"命令集下的网格编辑工具，如下右图所示。

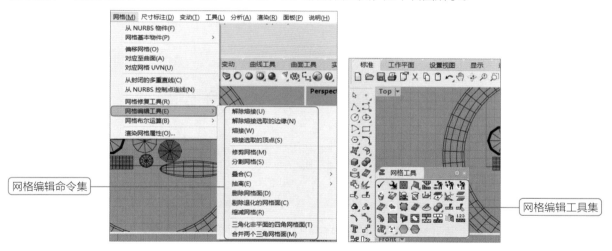

6.3.1 熔接网格

"熔接网格"命令用于将组合在一起的数个顶点合并为单一顶点，原来的网格顶点内含的贴图座标、法线向量信息等会被平均/重建/破坏。网格顶点熔接后由一个以上的网格面共用，顶点的法线为相邻网格面法线的平均值。

首先在工具栏中选择"转换曲面/多重曲面为网格"命令集下的"熔接网格"命令🔧，然后按照命令行的提示选取要熔接的网格，按下Enter键完成选取操作。此时命令行会提示输入角度公差，如果同一个网格的不同边缘有顶点重叠在一起，而且网格边缘两侧的网格面法线之间的角度小于角度公差设定值，重叠的顶点会以单一顶点取代。不同网格组合而成的多重网格在熔接顶点以后会变成单一网格。改变角度公差时，公差范围内将被熔接的边缘会以醒目提示。输入公差值并按下Enter键，完成操作，不同公共差值的对比效果如下图所示。

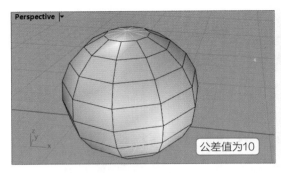
公差值为10

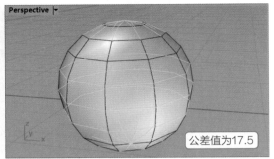
公差值为17.5

右击该命令则为解除熔接网格命令，用于将数个网格面的共用顶点解除熔接。具体操作为：右击该命令后，选取要解除熔接的网格，按下Enter键完成选取。然后设置公差值（在命令行中的"修改法线"为"是"时，表示顶点解除熔接后使用所属的网格面的法线方向，所以网格在渲染模式下看起来会有明显的网格边缘；"修改法线"为"否"时，表示顶点解除熔接后法线方向维持不变，所以网格在渲染模式下看起来依然平滑），按下Enter键完成操作。

"熔接网格"命令集下还包含"熔接网格顶点"命令 与"熔接网格边缘"命令 ，如下左图所示。"熔接网格顶点"命令可以将所有选取的组合在一起的数个顶点合并为单一顶点，用户在使用该工具时，可以只熔接选取的网格顶点，而不必熔接整个网格。"熔接网格顶点"命令不像"熔接网格"命令由熔接角度公差设定。用户可以打开网格的顶点，使用框选预选要熔接的网格顶点再执行指令，或先执行指令再点选个别的网格顶点。具体操作为：选择"熔接网格顶点"命令后，按照命令行的提示选取要焊接的网格顶点，选取后按下Enter键完成操作，如下右图所示。

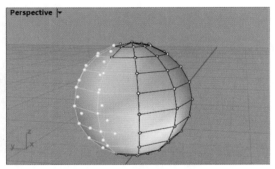

"熔接网格边缘"命令 用于沿着选取的边缘将组合在一起的数个网格顶点合并为单一顶点。选择"熔接网格边缘"命令后，选取网格，然后选取同一个网格的边缘，如下左图黄线所示。黑色是已经焊接过的边缘，按下Enter键完成操作，此时沿着该边缘的在一起的数个顶点已经焊接为单一顶点，效果如下右图所示。

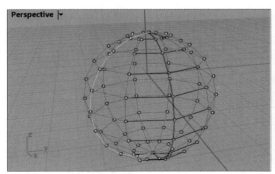

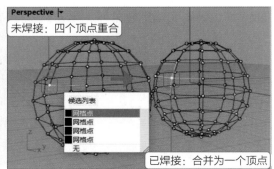
未焊接：四个顶点重合
已焊接：合并为一个顶点

右击"熔接网格边缘"按钮🔧，该命令变为"解除熔接网格边缘"，用于将选取的网格边缘顶点分离。首先选取该命令，然后按照命令行的提示选取同一个网格的边缘，按下Enter键完成操作。

应用"熔接网格边缘"命令时，在命令行中设置"修改法线"为"是"时，表示顶点解除熔接后使用所属的网格面的法线方向，所以网格在渲染模式下看起来会有明显的网格边缘。选择"修改法线"为"否"时，表示顶点解除熔接后法线方向维持不变，所以网格在渲染模式下看起来依然平滑。

在着色模式下查看平滑的渲染效果时，这两个网格物件看起来区别不是特别明显，如下图所示。

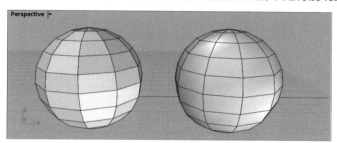

在渲染模式下查看平滑的渲染效果时，对比就比较明显了，因为红色网格上的顶点都熔接在一起，所以看起来比较平滑，而蓝色网格的顶点只是重叠在一起，并未熔接，所以每一个网格面的边缘都清晰可见，如下图所示。

提示：熔接作用

是否熔接网格顶点会影响渲染、网格上的贴图对应及导出给快速成型机的文件。

6.3.2 网格布尔运算

网格布尔运算与曲面实体布尔运算一样有网格布尔运算联集、网格布尔运算差集、网格布尔运算交集和网格布尔运算分割四种运算方式。下左图为工具栏中"转换曲面/多重曲面为网格"命令集下的"网格布尔运算"集合。下右图为菜单栏下的布尔运算集。具体操作方法用户可参考曲面实体布尔运算集合的操作介绍。

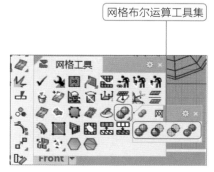

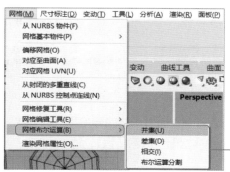

6.3.3　检查网格

"检查物件"命令✔用于汇报选取物件的数据结构错误，是检测潜在几何数据错误的主要工具。具体操作为：首先选取该工具，然后按照命令行的提示选取要检查的物件，按下Enter键完成选取，此时会弹出汇报物件数据正确性的"检查"对话框，如下左图所示。用户可以根据对话框中的提示删除或者修改有错误的物件，若显示网格正常，则表示网格没有错误，但不代表可以正常输出为某些文件格式，如下右图所示。

6.3.4　网格面常见错误及修正方式

若输出的网格面有错误，例如某些STL/SLA打印机在打印含有许多很长的网格面的网格物件时会发生问题，可能使打印速度变慢、产生奇怪的打印结果或造成打印机内存不足，所以在导出网格面的时候要检查网格面的质量。下面介绍一些常见的错误以及修正方式。

1. 退化的网格面

若网格面存在退化的网格面，如下左图所示的检测结果。用户可以使用"剔除退化的网格面"命令将它删除。"剔除退化的网格面"命令可以删除面积为0的网格面，具体操作为：首先选择该命令，然后选取刚才检测出问题的网格面，按下Enter键完成操作。此时面积为0的退化网格面就被删掉并且所遗留下的孤立顶点也会被删除，再次检测结果如下右图所示。

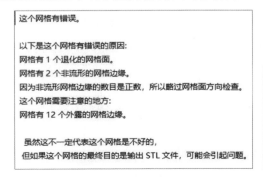
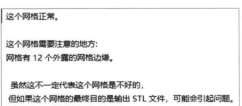

2. 长度为0的边缘

长度为0的网格边缘通常是因为退化的网格面而产生的，也可以使用"剔除退化的网格面"命令将它删除。该错误与退化的网格面有联系所以解决方法相同，具体解决方法可参考退化的网格面的解决操作方法。

3. 非流形的网格边缘

被三个及三个以上网格面或曲面共用的边缘称为非流形边缘，用户可以使用"剔除退化的网格面"命令![icon]，再在命令行中输入ExtractNonManifoldMeshEdges（从网格抽离非流形的网格面）命令修复。

4. 外露的网格边缘

网格上可以有外露边缘存在，但是会在快速原型输出时发生问题。"显示边缘"命令![icon]可以查找物件上的外露边缘。"填补网格洞"![icon]、"填补全部的网格洞"![icon]及"衔接网格边缘"命令![icon]可以消除外露的网格边缘。

"填补网格洞"命令![icon]可以填补网格物件上选取的洞，该命令可以用来修复网格物件，让网格物件可以用于快速原型加工。具体操作为：选取该命令后，在命令行的提示下选取洞边界上的网格边缘，如下左图所示。选取边界后系统自动填补，效果如下右图所示。

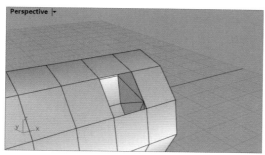 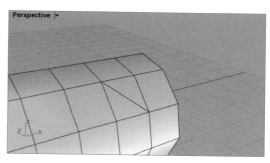

右击"填补网格洞"命令![icon]将变为"填补全部的网格洞"命令，用以填补网格物件上所有的洞。该命令同样可以用来修复网格物件，让网格物件可以用于快速原型加工。具体操作为：选取该命令后，按照命令的提示选取网格，如下左图所示。然后系统自动填补所有网洞，效果如下右图所示。

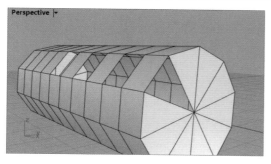 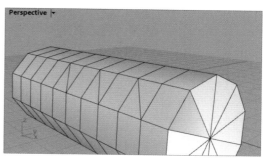

"衔接网格边缘"命令![icon]用以缝合网格物件的缝隙。具体操作为：首先选取该命令，然后按照命令行的提示选取网格，例如选择下左图所示的网格面。然后按下Enter键完成选取，即可继续选取下一组或者按下Enter键完成操作，效果如下右图所示。

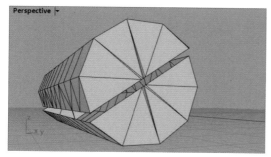 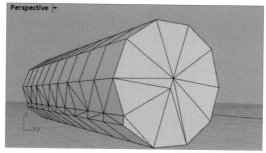

在运用"衔接网格边缘"命令缝合网格物件的缝隙时，命令行如下图所示。

> 选取网格 (选取网格边缘(P) 要调整的距离(D)=1 渐增方式(R)=打开):|

下面对"衔接网格边缘"命令行中各选项的含义和应用进行介绍，具体如下。

- **选取网格边缘：** 选取要衔接的特定网格边缘。
- **要调整的距离：** 用于设定距离公差，网格中任何部分的移动距离都不会大于设定的公差。选取整个网格时，使用较大的公差可能会产生不可预期的结果，最好只在用户想要封闭特定的网格边缘时才使用较大的公差值。
- **渐增方式：** 网格边缘衔接会经过四个阶段，从小于用户所设定的公差开始，每个阶段逐步加大公差直到用户所设定的公差，使较短的网格边缘先被衔接，然后再衔接较长的网格边缘。

> **提示：衔接网格注意事项**
> - "衔接网格边缘"命令会先将网格顶点衔接，再分割网格边缘，衔接多余的网格顶点。
> - "衔接网格边缘"命令常用以在整个网格或只在被选取的网格边缘。
> - 在网格边缘衔接前，洋红色的网格边缘是缝隙，图中的尺寸标注为圆角的大小。

5. 网格面的法线方向不一致

当网格面的法线方向不一致时，用户可以使用"统一网格法线"命令 来统一网格面的法线方向。"统一网格法线"命令用以反转网格面的法线方向，使同一个网格物件中的所有网格面的法线方向一致，可以用来修复网格物件，让网格物件可以输出快速原型。具体操作为：选取该命令后，在命令行的提示下选取要统一法线的网格，选取后按下Enter键完成操作。表明所有网格面的法线方向已经朝向网格的同一侧，此时命令行提示如下图所示。

> 按 Enter 完成 (反转(F))
> 指令：_UnifyMeshNormals
> 所有网格面的法线已朝向同一个方向。指令: _UnifyMeshNormals
> 所有网格面的法线已朝向同一个方向。已加入 1 个网格至选取集合。

即可反转网格中法线方向不正确的网格面，使所有网格面朝向网格的同一侧，该命令可用于整理要导出到3ds Max的网格物件。

> **提示：使用"统一网格法线"命令注意事项**
> 如果"统一网格法线"命令无法对网格发生作用，请先将网格炸开，将网格面的法线方向统一后再组合起来。
> 网格有两种法线：顶点法线与网格面法线。
> 所有的网格都有法线方向，但有些网格没有顶点法线。例如：3D面、网格基本物件及不是以3DM或3DS格式导入的网格，都没有顶点法线。
> 通常，网格面顶点的顺序决定网格面的法线方向，顶点顺序必需是顺时针或逆时针方向，用户可以用右手定则由顶点的顺序决定网格面的法线方向。
> "统一网格法线"命令的主要功能是用来确定所有熔接后网格面的顶点顺序一致。

6. 孤立的网格顶点

孤立的网格顶点通常不会造成问题，并且在Rhino中没有命令可以将它删除。

7. 未相接的网格

出现未相接的网格时，用户可以使用"分割未相接的网格"命令 将其分割成为个别的网格。一个网格物件可以是由数个分开的网格组合而成，这种情形可能因为编辑网格或导入网格而产生。"分割未相接的网格"命令可以将边缘未接触但组合在一起的网格分割为个别网格。具体操作为：首先选取该命令，按照命令行的提示选取要分割的网格，如选择下左图所示的组合未相接网格。然后按下Enter键完成分离，如下右图所示。

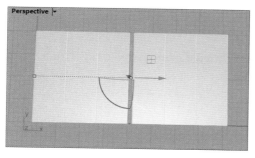 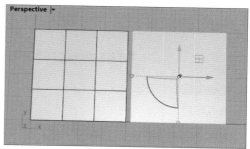

6.3.5　其他网格编辑工具

网格编辑工具除了上面介绍的转换曲面/多重曲面为网格、熔接网格、网格布尔运算以及网格面常见问题中涉及到的命令外，还有许多其他常用的网格编辑工具，下面具体介绍。

1. 以公差对齐网格顶点

"以公差对齐网格顶点"命令 可以将网格顶点移到相同的位置，常用于修复一些原本应该位于同一个位置的许多顶点，因为某些因素而被分散的情形。具体操作为：首先选取该命令，按照命令行的提示选取网格，如下左图所示。然后根据命令行提示完成选取，设置"要调整的距离"选项（如果网格顶点之间的距离小于要调整距离的设定值，顶点会被强迫移动到同一个点），按下Enter键完成操作，效果如下右图所示。

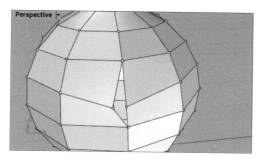 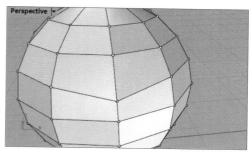

在运用"以公差对齐网格顶点"命令将网格顶点移到相同的位置时，命令行如下图所示。

选取网格（选取顶点(S) 选取外露的网格边缘(E) 要调整的距离(D) = 1）：

- **选取顶点**：选取要对齐的网格。
- **选取外露的网格边缘**：用于选取外露边缘，然后对齐外露边缘上的所有顶点。
- **要调整的距离**：设置公差距离。

2. 重建网格法线

"重建网格法线"命令 用于移除网格法线，并以网格面的定位重新建立网格面与顶点的法线。具体操作为：首先选择该命令，根据命令行提示选取要重建的网格，选取后按下Enter键完成操作。"重建网格法线"命令同样可以用来修复网格物件，让网格物件可以输出快速原型。

3. 重建网格

"重建网格"命令🐒旨在移除网格物件的贴图座标、顶点色，也可以用来修复网格物件，让网格物件可以输出快速原型。具体操作为：首先选择该命令，在命令行的提示下选取要重建的网格，选取后按下Enter键完成操作。网格重建后，网格顶点与网格面会被保留，但网格面与顶点的法线会被重新计算，贴图 UV 座标、顶点色会被删除，用户可以使用这个指令重建运行不正常的网格。

在运用"重建网格"命令重建网格时，命令行如下图所示。

选取要重建的网格（ 保留贴图坐标(P) = 否 保留顶点颜色(R) = 否 ）:

- **保留贴图坐标：** 保留网格贴图坐标。
- **保留顶点颜色：** 保留网格的顶点颜色。

4. 删除网格面

"删除网格面"命令🔧用于删除网格物件上选取的网格面，产生网格洞。在运用"删除网格面"命令删除网格面时，在着色模式下比较方便使用，因为在着色模式下用户可以直接选取网格面，在框架模式下用户必须选取网格边缘。具体操作为：首先选择该命令，然后在命令行的提示下选取要删除的网格面，如下左图所示。选取网格后按下Enter键完成操作，删除后的物件如下右图所示。

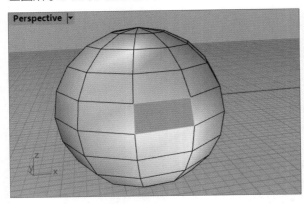 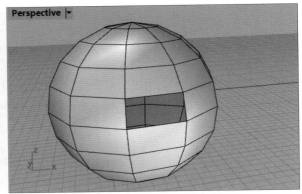

5. 嵌入单一网格面

"嵌入单一网格面"命令🔧用于以单一网格面桥接网格缺口两侧的网格面。具体操作为：首先选取该命令，然后在命令行的提示下选取要建立网格面的网格边缘或者顶点，如下左图所示。在选取两个网格边缘或者数个顶点后，产生下左图中标黄的边缘线和顶点，Rhino会自动嵌入一个网格面，如下右图所示。然后重复操作填补该网格洞。

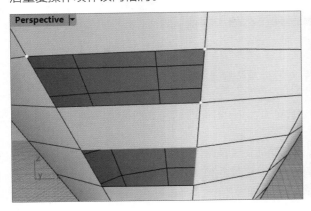 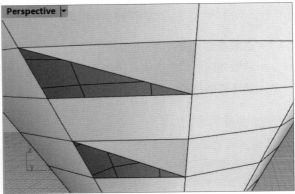

6. 对调网格边缘

"对调网格边缘"命令 用于对调共用一个边缘的两个三角形网格面的角。与前面的网格修复命令相同，该命令也可以用来修复网格物件，让网格物件可以输出快速原型。具体操作为：首先选取该命令，按照命令行的提示选取要对调的网格边缘，并且选取的网格边缘必需由两个网格面共用，如下左图所示。选取网格边缘后，Rhino自动对调，然后继续对调下一个网格边缘或按下Enter键完成对调，效果如下右图所示。

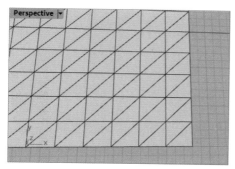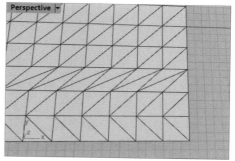

7. 对应网格至NURBS曲面

"对应网格至NURBS曲面"命令 用于将一个网格对应到一个曲面上，该命令只能用于从NURBS转换而来具有UV方向信息的网格，并且网格的顶点数必须和源曲面网格的顶点数一样。该方法可以创建形变目标对象，具体操作为：首先选择该命令，在命令行的提示下选取要对应的网格，如下左图所示。然后选取目标曲面（如果目标曲面是修剪过的曲面，对应的网格会包覆至整个未修剪的原始曲面）。此时Rhino将自动将网格对应到选取的曲面上，如下右图所示。

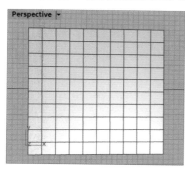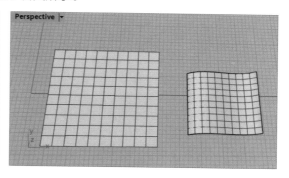

8. 分割网格边缘

"分割网格边缘"命令 旨在分割一个网格边缘，产生两个或以上的三角形网格面。具体操作为：首先选择该命令，在命令行的提示下选取要分割的边缘，按下Enter键完成选取，然后指定分割点，如下左图所示。点选后可继续分割或者按下Enter键完成分割，效果如下右图所示。

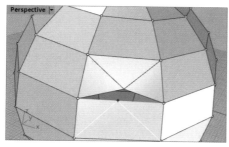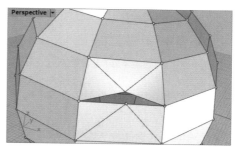

9. 网格嵌面

"网格嵌面"命令🔷用于从曲线或点物件建立网格。具体操作为：首先选择该命令，按照命令行的提示选取曲线与点物体，如下左图所示。选取后按下Enter键完成选取。接着选取洞（一条封闭的内侧曲线，封闭的内侧边界曲线会被视为洞的边缘），然后按下Enter键完成嵌面或直接按Enter键建立中间没有洞的网格，效果如下右图所示。

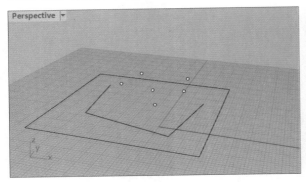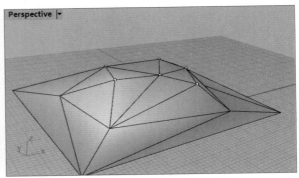

在运用嵌面工具建立网格时，命令行状态如下图所示。

选取曲线与点物件 (角度公差(A)= 15 起始曲面(S)):

- **角度公差：** 用于建立逼近曲线的多重直线使用的公差，如果选取的只有多重直线，该设定不起作用。
- **起始曲面：** 使用一个与用户正要建立的网格形状类似的参考曲面，这个曲面会影响建立的网格的形状。

10. 从3条或以上直线建立网格

"从3条或以上直线建立网格"命令🔷用于从多条相交的直线生成网格。具体操作为：首先选取该命令，然后在命令行的提示下选取至少三条直线，如下左图所示的直线段。生成网格默认的最大边数是4，用户也可在命令行中进行更改，选取后按下Enter键完成建立，下右图是建立的网格。

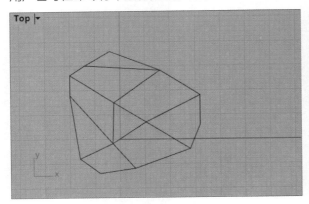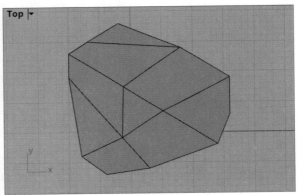

在运用"从3条或以上直线建立网格"命令建立网格时，命令行如图所示。

至少选取三条直线lines (每个面的最大边数(M)= 4 删除输入物件(D)= 否 目的图层(O)= 目前的):

- **每个面的最大边数：** 限制每个面的变数。
- **删除输入物件：** 若选择"是"，则将原来的物件从文件中删除；若选择"否"，则保留原来的物件。
- **目的图层：** 将输出的物件建立在目前的图层上。

11. 对应网格UVN

"对应网格UVN"命令用于将网格与点物件对应至一个曲面上。具体操作为：首先选择该命令，在命令行的提示下选取要对应至曲面的网格和点，按下Enter键完成选取，如下左图所示。用户可以在命令行中设置"垂直缩放比"参数（网格对应到曲面后高度的缩放系数），然后选取网格和点对应的目标曲线，Rhino将自动将网格包裹到目标曲线，如下右图所示。

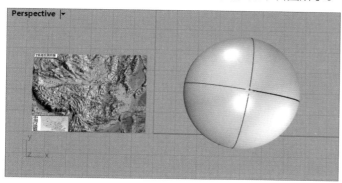 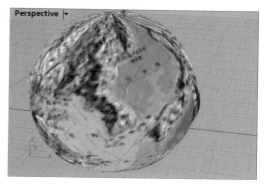

12. 合并两个网格面

"合并两个网格面"命令用于将两个有共用边缘的三角形网格面合并成一个四角形网格面。具体操作为：首先选择该命令，根据命令行的提示选取网格边缘——两个三角网格面共用的边缘，如下左图所示。选取后可继续选取或按下Enter键完成合并，合并的网格面如下右图所示。

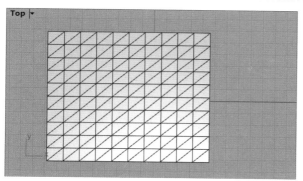 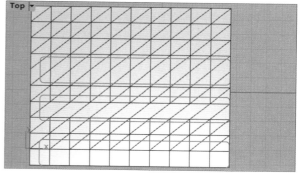

13. 复制网格洞的边界

"复制网格洞的边界"命令用于复制网格洞的边界来建立多重直线。具体操作为：首先选取该命令，根据命令行的提示选取在洞边界上的网格边缘，如下左图黄线所示。单击该边缘后，Rhino将自动建立网格洞边界多重直线，如下右图所示。

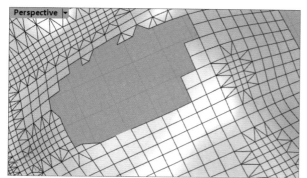 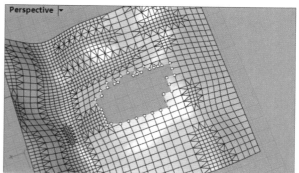

14. 四角化网格

"四角化网格"命令🔳用于将两个三角形网格面合并成一个四角形网格面。三角形网格面合并成四角形网格面的过程中，将不考虑对角线未熔接(在角落处有独立的顶点)的情况。具体操作为：首先选取该命令，根据命令行的提示选取网格，如下左图所示。按下Enter键完成选取，此时会弹出"四边形网格"对话框，设置参数后，单击"确定"按钮完成操作，如下右图所示。

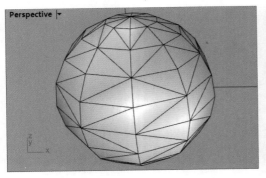 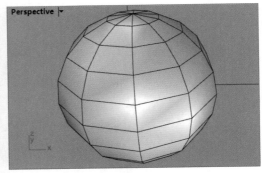

在运用"四角化网格"命令合并两个三角形网格面为四角形网格面时，会弹出右图所示的"四边形网格"对话框，下面对该对话框中各选项的含义进行介绍。

● **平面差异角度：** 用于设置两个三角形网格面法线的夹角。
● **矩形相似度：** 设定值必需等于或大于1，通过矩形相似度测试的两个相邻的三角形网格面会被合并成一个四角形网格面。如果两个相邻的三角形网格面的两个对角线距离比例小于或等于设定的数值，两个三角形网格面会转换成一个四角形网格面。
● **递增：** 按一次上、下箭头的递增/递减值。

15. 三角化网格

"三角化网格"命令🔳用于将网格上所有的四角形网格面分割成两个三角形网格面。具体操作为：首先选取该命令，根据命令行的提示选取要三角化的网格，如下左图所示。按下Enter键完成转化，转化后的网格如下右图所示。

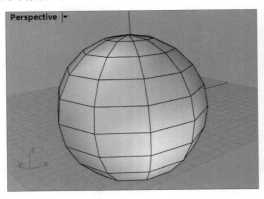 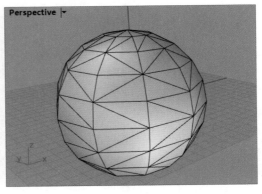

右击"三角化网格"命令🔳，该命令将变为"三角化非平面的四角网格面"命令，用于将网格上所有非平面的四角形网格面分割成两个三角形网格面。具体操作为：首先选取该命令，根据命令行的提示选取网格，如下左图所示。此时会弹出"三角化非平面四角网格"对话框，设置参数后单击"三角化"按钮完成操作，效果如下右图所示。

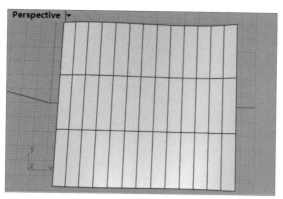 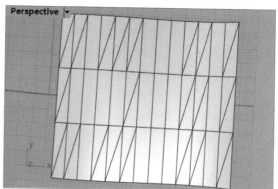

下面对"三角化非平面四角网格"对话框中各选项的含义进行介绍，具体如下。

- **距离**：四角形网格面的第四个顶点与前三个顶点所构成平面的距离如果等于或大于距离设定值，就会被分割成两个三角形网格面。
- **角度**：当一个四角形网格面上的两个平面法线的角度等于或大于角度设定值，就会被分割成两个三角形网格面。
- **两方向**：同时使用距离和角度标准。
- **递增**：每单击一下"距离"或"角度"微调按钮增加或减少数值。
- **选取四角网格面**：选取一个四边网格面设定距离与角度的数值。
- **分割方式**：在该下拉列表中，若选择"最短对角线"选项，则沿着最短对角线分割；若选择"最长对角线"选项，则沿着最长对角线分割；若选择"最小面积"选项，则得到结果的面积最小；若选择"最大面积"选项，则得到结果的面积最大；若选择"最小角度"选项，则三角面法线之间的夹角最小；若选择"最大角度"选项，则三角面法线之间的夹角最大。

16. 缩减网格面数

"缩减网格面数"命令 用以降低物件的网格面数，同时避免物件或贴图有太大的变形。具体操作为：首先选取该命令，根据命令行的提示选取网格，如下左图所示。此时会弹出"网格选项"对话框，进行参数设置后，单击"确定"按钮完成操作，缩减网格面数后的网格如下右图所示。

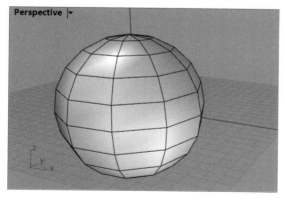 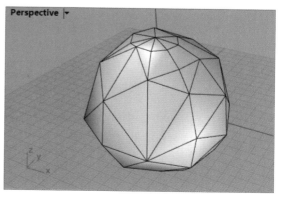

下面对"网格选项"对话框中各选项的含义进行介绍，具体如下。

- **起始网格面数目**：全部四角面被分割后三角面的数量。

- **■ 缩减至：** 设定缩减后的网格面数目。
- **■ 缩减于：** 以百分比设定起始网格面数目要缩减的比例。
- **■ 仅平面部分：** 只缩减网格物件平面部分的网格。
- **● 已锁定的网格点：** 在缩减网格的时候可以锁定一些点，缩减的过程不会对这些点产生影响。
- **● 新增：** 将选取的网格点加入到锁定的点当中。用户可以使用以笔刷选取命令 选取或取消选取要加入的点。
- **● 移除：** 从锁定网格点中移除选取的点。
- **● 新增所有外露点：** 将网格所有外露边缘上的点加入到锁定的点当中。
- **● 复原：** 复原前一个操作。
- **● 预览：** 显示输出预览。如果用户更改了设置，再次单击"预览"按钮将更新显示。

17. 计算网格面数

"计算网格面数"命令 用于计算选取物件的渲染网格面数。具体操作为：首先选取该命令，根据命令行的提示选取物件，选取要计算网格数的物件后，按下Enter键完成计算。此时计算的网格面数会显示在命令行中，如下图所示。

> 选取物件<全部>，按 Enter 完成
> 选取的物件共有 80 个四角网格面与 20 个三角网格面
> 将四角网格面三角化后选取的物件共有 180 个三角网格面

18. 抽离面

"抽离面"命令 用于从父网格物件中分离出所选取的网格面。该命令在着色模式下比较容易使用，因为用户可以直接选取网格面，也可以选取网格边缘。具体操作为：首先选取该命令，根据命令行的提示选取网格面，按下Enter键完成操作。在命令行中选择"建立副本"为"是"，表示复制选取的网格面，而不是将其从父网格物件上分离，如下左图所示。在命令行中选择"建立副本"为"否"，表示抽离的网格面将会从父网格物件上分离出来，并且产生一个洞，如下右图所示。

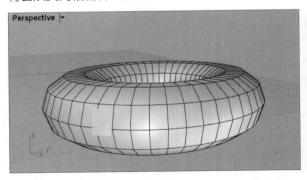 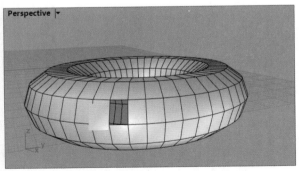

在"抽离曲面"命令集下有许多不同抽取方式的抽取曲面命令，如右图所示。下面将对这些命令的应用进行具体介绍。

19. "抽离曲面"命令集

"抽离相接的网格面"命令 用于从父网格上分离与指定网格面相连接的网格面。设置一个角度值，"抽离相接的网格面"命令会根据网格面之间的角度差从组合在一起的网格面中抽离出一个范围网格面，该命令可以用来抽离网格中由相接的网格面形成的平面区域。具体操作为：首先选择该命令，根据命令行的

提示选取面，如下左图黄线标出的网格面。此时会弹出"抽离相接的网格面"对话框，调整相关参数，选取用户想要的范围后单击"抽离"按钮完成操作，效果如下右图所示。

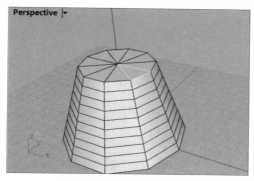 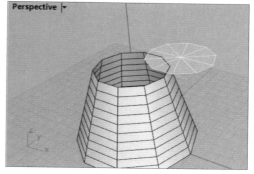

下面对"抽离相接的网格面"对话框中各主要选项的含义进行介绍，具体如下。

- **以角度抽离相接的网格面：** 设定网格面之间的角度作为选取网格面的依据。设置"小于"或"大于"的度数值时，若设定为0，则会选取全部与用户所选取的网格面相接且共平面的网格面。
- **递增：** 设置每次单击时数值变化的总量。
- **选取要测量角度的面：** 选取两个网格面以设定用户想要使用的角度。
- **仅边框线：** 勾选该复选框，将选取的网格面边缘复制为多重直线，而不是将网格面从父网格物件上分离。
- **抽离为副本：** 勾选该复选框，复制选取的网格面，而不是将其从父网格物件上分离。
- **编辑选取几何：** 单击该按钮，选取个别的网格面。

20. 抽离重复的网格面

"抽离重复的网格面"命令 用于从父网格物件中复制分离出网格面。具体操作为：选取该命令后，按照命令行的提示选取网格，选取后按下Enter键完成操作，此时抽离的结果会在命令行显示，如下左图所示。并且重复的网格面将被选取，如下右图所示。

在命令行中显示的抽离结果

选取网格

选取网格，按 Enter 完成

已抽离 1 个网格面(从网格 1)。

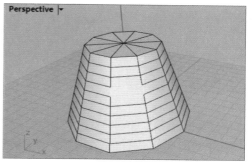

21. 以长宽比抽离网格面

"以长宽比抽离网格面"命令 用于抽离长宽比大于指定值的网格面，该命令适用于找出相对于宽度形状很长的网格面，25:1 或以上的比例会被视为较长的网格面。具体操作为：首先选取该命令，然后在命令行的提示下选取网格，如下左图所示。此时会弹出"以长宽比抽离网格面"对话框，设置相关参数后单击"抽离"按钮完成操作，效果如下右图所示。

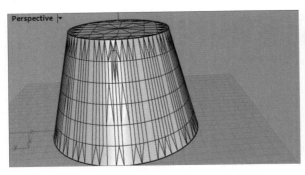
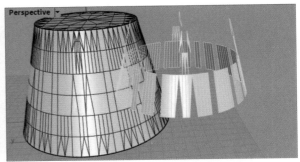

下面对"以长宽比抽离网格面"对话框中各选项的含义进行介绍，具体如下。

- **长宽比：** 设定目标长宽比。
- **递增：** 设置每次单击时数值变化的总量。
- **选取网格面设置长宽比：** 单击该按钮，选取一个网格面设定长宽比。
- **仅边框线：** 勾选该复选框，将选取的网格面边缘复制为多重直线，而不是将网格面从父网格物件上分离。
- **抽离为副本：** 勾选该复选框，复制选取的网格面，而不是将其从父网格物件上分离。

22. 以面积抽离网格面

"以面积抽离网格面"命令 用于通过设置一个面积范围从父网格物件上抽离网格面。具体操作为：首先选取该命令，然后在命令行的提示下选取网格，如下左图所示。此时会弹出"以面积抽离网格面"对话框，设置参数范围后单击"抽离"按钮完成操作，效果如下右图所示。

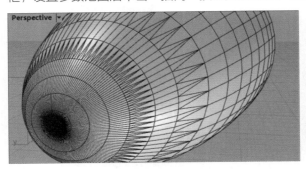
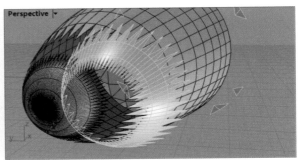

下面对"以面积抽离网格面"对话框中各选项的含义进行介绍，具体如下。

- **选取大于该值的面：** 选取面积大于设定值的网格面。
- **选取最小的面：** 单击该按钮，选取一个网格面设定最小的网格面面积。
- **选取小于该值的面：** 选取面积小于设定值的网格面。
- **选取最大的面：** 单击该按钮，选取一个网格面设定最大的网格面面积。
- **递增：** 设置每次单击时数值变化的总量。
- **选取网格面设定范围：** 单击该按钮，选取一个取样用的网格面设定大小范围，被选取的网格面的面积 ±10% 的范围会被使用。

23. 以边缘长度抽离网格面

"以边缘长度抽离网格面"命令 用于抽离边缘长度大于或小于指定长度的网格面，适用于抽离网格中过大或过小的网格面。具体操作为：选取该命令，然后在命令行的提示下选取网格，如下左图所示。此时会弹出"以边缘长度抽离网格面"对话框，设置参数范围后单击"抽离"按钮完成操作，效果如下右图所示。

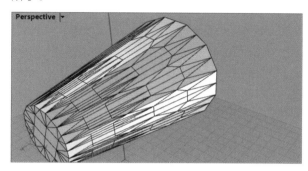 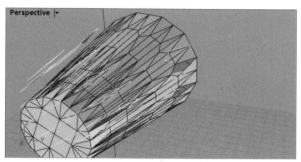

下面对"以边缘长度抽离网格面"对话框中各选项的含义进行介绍，具体如下。

- **边缘长度**：设置用于比较的网格边缘长度。
- **选取网格边缘**：单击该按钮，选取一个网格边缘设定用于比较的网格边缘长度。
- **递增**：设置每次单击时数值变化的总量。
- **选取边缘**：若选择"小于边缘长度"单选按钮，则选取边缘长度小于边缘长度设定值的网格面；若选择"大于边缘长度"单选按钮，则选取边缘长度大于边缘长度设定值的网格面。

24. 以拔模角度抽离网格面

"以拔模角度抽离网格面"命令 是以相对于视图视角的角度抽离网格面，适用于分割网格作为模具或找出分模线之后的部份。具体操作为：选取该命令，根据命令行的提示选取网格，如下左图所示。此时会弹出"以拔模角度抽离网格面"对话框，设置参数范围后单击"抽离"按钮完成操作，效果如下右图所示。

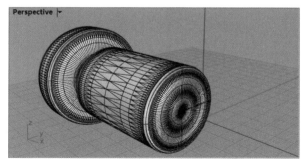 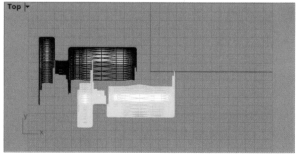

下面对"以拔模角度抽离网格面"对话框中各主要参数的含义进行介绍，具体如下。

- **从摄影机方向的起始角度**：用于设定从视图摄影机方向算起的起始角度。
- **从摄影机方向的终止角度**：设定从视图摄影机方向算起的终止角度。

25. 抽离个别的网格

"抽离个别的网格"命令 用于选取所有与已选网格面辐射相连的网格面，然后将其从父网格物件抽离，辐射相连的网格面包括所选网格面所有相邻的网格面以及与相邻网格面相邻的网格面，依次类推，直到遇到外露边缘或未熔接的边。具体操作为：首先选取该命令，然后根据命令行的提示选取面，如下左图模型的某个网格面。按下Enter键完成抽离，如下右图所示。

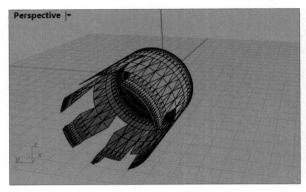
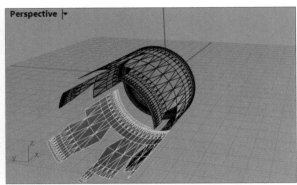

26. 抽离网格边缘

"抽离网格边缘"命令 是以两个相邻的网格面的法线夹角从网格物件抽离网边缘。该命令的"未熔接"选项可以用于建立网格的多重曲面已经删除时，找出原来的多重曲面组合边缘的位置。具体操作为：首先选取该命令，然后根据命令行的提示选取网格，如下左图所示。此时会弹出"抽离边缘"对话框，设置参数与范围，然后按下Enter键完成抽离操作，如下右图所示。

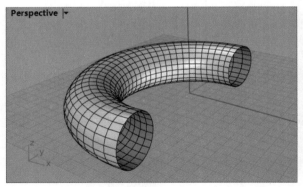
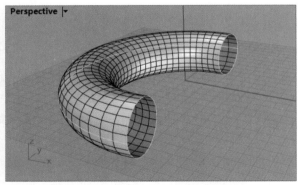

下面对"抽离边缘"对话框中各主要参数的含义进行介绍，具体如下。

- **网格边缘抽离方式**：若选择"未熔接的"单选按钮，则抽离网格的组合边缘；若选择"法线夹角"单选按钮，则两个相邻的网格面法线之间的夹角。
- **大于**：设定法线夹角的最小值，单击后面的"选取网格边缘"按钮，可以选取一个网格边缘设定最小法线夹角。
- **小于**：设定法线夹角的最大值，单击后面的"选取网格边缘"按钮，可以选取一个网格边缘设定最大法线夹角。
- **组合结果**：组合得到的曲线。

折叠网格面相关命令可以编辑现有的网格，移除网格中不需要或不必要的面。折叠网格面的方式：选取个别网格面、指定最大或最小面积、指定长宽比、指定边缘长度。折叠网格命令集 如下右图所示，下面将具体介绍该命令集下的子命令。

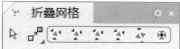

27. 以边缘长度折叠网格面

"以边缘长度折叠网格面"命令 用于将长度大于或小于某个长度的网格边缘的顶点合并至另一个顶点。具体操作为：首先选取该命令，然后根据命令行的提示选取网格，如下左图所示。然后按下Enter键完成选取，此时会弹出"以边缘长度折叠网格面"对话框，设置相关参数后（具体参数介绍可参考"以边缘长度抽离网格面"命令对话框的参数介绍），单击"折叠"按钮完成操作，效果如下右图所示。

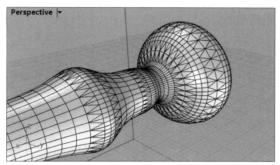
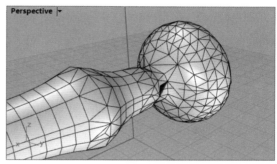

28. 以长宽比折叠网格面

"以长宽比折叠网格面"命令 可以删除大于设定的长宽比的网格面，并移动周围的顶点填补造成的缺口。长宽比大于等于25:1的面将被视为形状较长的网格面。具体操作为：首先选取该命令，根据命令行的提示选取网格，如下左图所示。然后按下Enter键完成选取，此时会弹出"以长宽比折叠网格面"对话框，设置相关参数后（具体参数介绍可参考"以长宽比抽离网格面"命令对话框的介绍），单击"折叠"按钮完成操作，效果如下右图所示。

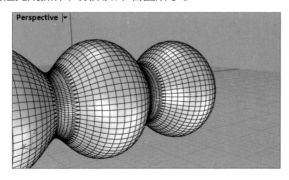
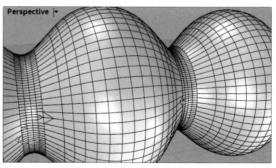

29. 以面积折叠网格面

"以面积折叠网格面"命令 可以删除面积大于或小于设定值的网格面，并移动周围的顶点填补造成的缺口。具体操作为：选取该命令，根据命令行的提示选取网格，如下左图所示。按下Enter键完成选取，此时会弹出"以面积折叠网格面"对话框，设置相关参数后，单击"折叠"按钮完成操作，效果如下右图所示。

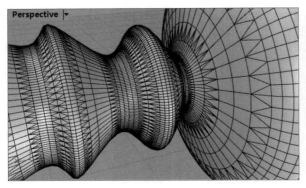 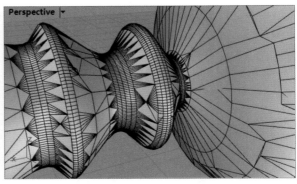

30. 折叠网格面

"折叠网格面"命令 可以删除面积大于或小于设定值的网格面，并移动周围的顶点填补造成的缺口。
具体操作为：首先选取该命令，然后根据命令行的提示选取要折叠的网格面，如下左图所示。单击后完成
操作，如下右图所示。继续选取网格面或者按下Enter键结束折叠。

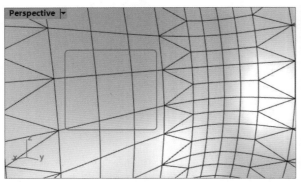 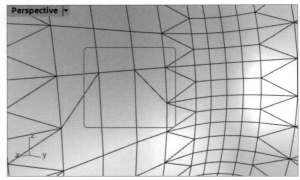

31. 折叠网格边缘

"折叠网格边缘"命令 可以移动选取的网格边缘的顶点至另一个顶点。具体操作为：首先选取该命
令，然后根据命令行的提示选取要折叠的网格边缘，如下左图所示。单击后完成操作，如下右图所示。继
续选取网格边缘或者按下Enter键结束折叠。

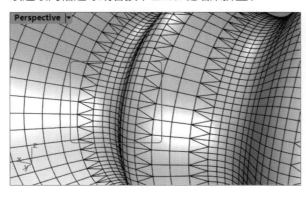 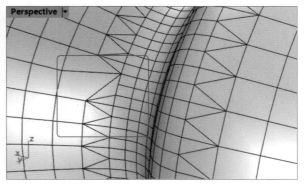

32. 折叠网格顶点

"折叠网格顶点"命令 用于将选取的网格顶点合并至相邻的网格顶点。具体操作为：选取该命令后，
根据命令行的提示选取要折叠的网格顶点，如下左图所示。单击后完成操作，如下右图所示。继续选取网
格顶点或者按下Enter键结束折叠。

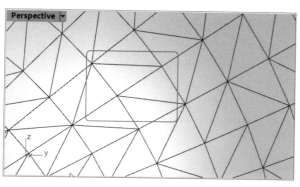 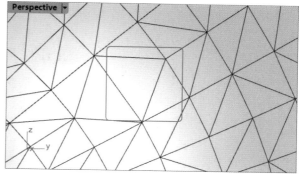

实战练习 创建地球仪模型

在学习了网格面的建立与编辑的相关操作后，下面以创建地球仪模型的操作为例，巩固所学知识，具体创建步骤介绍如下。

步骤 01 先创建网格地图，即运用"以图片灰阶高度"命令■建立地图网格面，选择该命令后打开图片素材文件"世界地图.jpg"，确定它的大小，如下左图所示。

步骤 02 此时将弹出"灰阶高度"对话框，设置取样点参数为300×200❶、高度为-3mm❷，勾选"加入顶点色"复选框❸，选择物件建立方式为"顶点在取样位置的网格"单选按钮❹，单击"确定"按钮❺，如下右图所示。

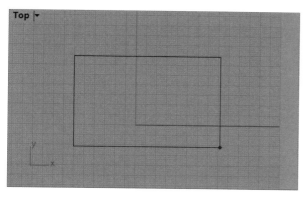 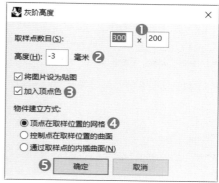

步骤 03 即可完成建立，效果如下左图所示。

步骤 04 调整网格面的位置，如下右图所示。

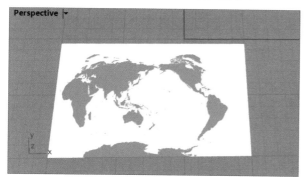 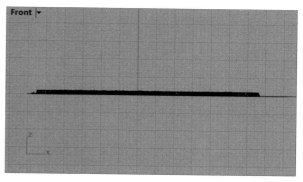

步骤 05 运用"曲面球体"命令创建球体模型，如下左图所示。

步骤 06 运用"对应网格UVN"命令 将刚做好的网格对应至曲面球体上，效果如下右图所示。

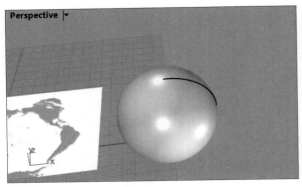
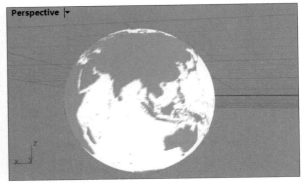

6.4 网格面的导入与导出

　　Rhino 6.9有两种导出模型为其它文件类型的方法，用户可以使用"另存为"命令选择特定的文件类型导出整个模型，也可以选取部分物件，再以"导出选取物件"命令导出选取的物件。

6.4.1 导入网格面

　　要导入网格面，则用户在"文件"菜单❶下执行"打开"❷或"导入"命令，如下左图所示。在打开的"打开"对话框中选取文件类型为"STL(Stereolithography(.stl)"（立体成型）❸，然后单击"打开"按钮❹，如下右图所示。

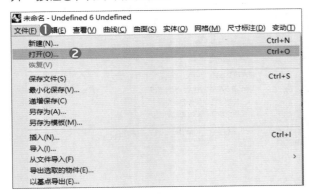

　　此时将弹出"STL导入选项"对话框，如右图所示。下面对该对话框中各参数的含义进行介绍。

- **熔接角度**：用于设置熔接法线夹角小于该角度值的网格面。
- **分割未相接的网格**：决定导入网格时，是否将未相接但组合在一起的网格分开。
- **STL模型单位**：如果STL文件有内含单位信息，使用的单位会显示在这里。
- **目前Rhino的单位**：显示当前文件的单位，只有在执行导入和插入操作时才会出现。

6.4.2 导出网格面

　　要导出网格面，则用户可以在"文件"菜单下执行"另存为"命令。在打开的"存储"对话框中更改保存类型为"STL(Stereolithography)(.stl)",然后在"文件名"文本框中输入要保存的文件名称并设定保存的方式,单击"保存"按钮,如下左图所示。

下面对"存储"对话框中各复选框的含义进行介绍,具体如下。

- **最小化保存**:勾选该复选框,可以清除渲染、分析网格,虽然可以让文件变小,但下次打开该文件时需要较多的时间重新计算渲染网格。
- **仅保存几何图形**:勾选该复选框,仅保存几何图形,不保存图层、材质、属性、附注、单位设置。类似于导出物件,只会创建一个新文件,而不会成为当前打开的 Rhino 模型文件。
- **保存贴图**:勾选该复选框,将材质、环境和印花所使用的外部贴图嵌入到模型文件中。
- **保存插件数据**:勾选该复选框,保存通过插件附加到物件或文件的数据。

在"存储"对话框中进行相关选项设定并单击"保存"按钮后,会弹出"STL导出选项"对话框,如下右图所示。

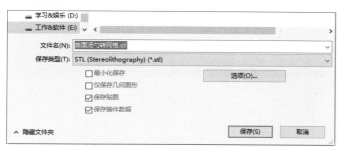 

在"STL输出选项"对话框中,选择"二进制"或者Ascii(文本格式)单选按钮①,勾选"导出开放物件"复选框②。某些快速成型机只能读取完全封闭的 STL网格文件,在将模型导出为STL文件做昂贵的快速原型输出之前,最好先确定导出的 STL 网格符合快速原型机器的需求),然后单击"确定"按钮③完成导出操作。

 ## 知识延伸:Rhino常用格式介绍

Rhino 6.9支持导入与导出许多不同的文件类型,用户可以在Rhino里建模,然后导出模型到其它后端程序中做进一步的处理。下面介绍Rhino常用的几种格式。

- **Rhino (.3dm)**:目前版本的Rhino可以打开任何旧版的文件与备份文件(.3dm.bak 与 .3dmbak)。
- **3ds格式**:被Autodesk 3ds Max所采用的一直格式,Autodesk 3ds Max是用于三维建模、动画制作及渲染的软件。
- **3MF格式**:是一种3D打印格式,允许设计应用程序将三维模型发送到其他应用程序、平台、服务和打印机。
- **AMF (.amf)格式(增量制造文件)**:是一种描述3D打印之类的增量制造过程的开放标准。该标准基于XML格式,允许任何计算机辅助设计软件为任何3D打印机描述三维物件。不同于STL格式,AMF自身支持颜色与材质。
- **AutoCAD (.dwg, .dxf)格式**:可以储存2D与3D几何图形的一种常用文件格式,是一些CAD软体的原生文件格式,AutoCAD是其中之一。

- **COLLADA文件格式**：是COLLAborative Design Activity (.dae) 文件格式，为了让互动性3-D软体可以进行文件交换所设计的格式。
- **Cult3D Designer格式**：是一套3D互动软体，可以在Maya或3ds Max建立的模型加入互动操作。
- **DirectX 文件格式**：是用于多媒体方面（尤其是游戏设计与影片）的绘图引擎的格式。
- **GHS几何图形(.gf 与 .gft)格式**：可用于分析船舶（船、艇、浮坞）。
- **GNU Triangulated Surface (.gts) 函式库**：是开放源码的免费软体函式库，提供将曲面转换为三角网格的功能。
- **Initial Graphics Exchange Specification (.iges)**：是一种中立的文件格式，可用于曲面模型的文件交换。
- **Autodesk FBX**：是Autodesk数位属性开发软体（Autodesk 3ds Max、Autodesk Maya、Autodesk MotionBuilder、Autodesk Mudbox、Autodesk Softimage）使用的文件交换技术。

上机实训：制作网格储物架

在学习了网格面的建立和编辑操作后，下面以实际操作案例来巩固所学知识，用户可以根据提示自己动手运用网格命令建立网格储物架。

步骤 01 首先建立储物板，运用网格立方体命令建立X、Y、Z数量都为1的立方体，如下左图所示。

步骤 02 接下来运用相同的命令建立桌腿，如下右图所示。

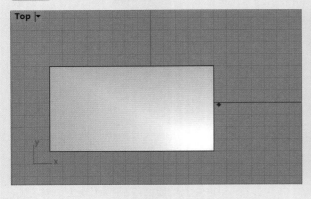 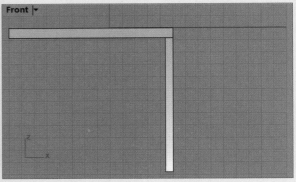

步骤 03 复制上一步做的桌腿，做出其他三条桌腿，如下左图所示。

步骤 04 下面做储物架，同样运用网格立方体命令进行制作，如下右图所示。

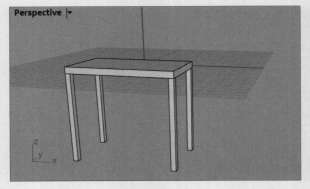 

步骤 05 复制上一步做好的储物架并移动到下左图的位置。

步骤 06 下面制作网格框，首先建立下右图所示的单根网格框。

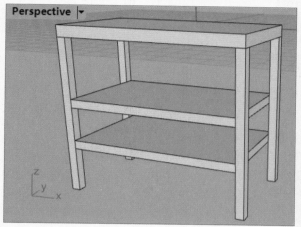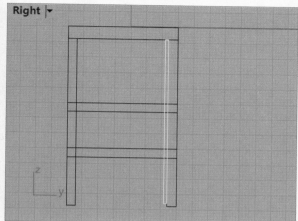

步骤 07 运用矩形阵列命令，设置X方向为6、YZ方向为1，阵列效果如下左图所示。

步骤 08 使用相同的方法做出横向的格框，并全选后组合框架，如下右图所示。

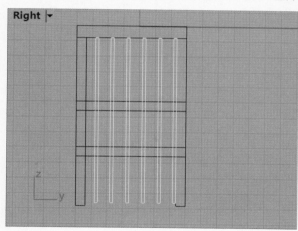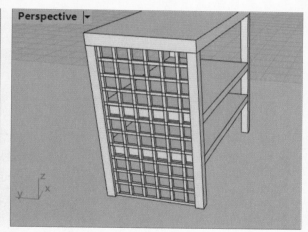

步骤 09 运用镜像命令把另一面的网格做出来，网格储物柜创建完成，如下左图所示。

步骤 10 执行"文件>保存文件"命令，将其储存为"网格储物柜"格式为（.stl），如下右图所示。

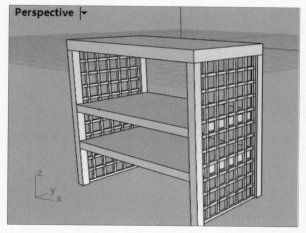

网格储物柜.stl

STL (Stereolithography) (*.stl)

☐ 最小化保存

☐ 仅保存几何图形

☑ 保存贴图

☑ 保存插件数据

选项(O)...

课后练习

1. 选择题

（1）在被三个或以上网格面或曲面共用的边缘称为（　　）。

    A. 公用边缘   B. 相交边缘   C. 非流形边缘   D. 相切边缘

（2）以网格曲线为骨架，蒙上自由曲面生成的曲面称之为（　　）。

    A. 封闭曲面   B. 多重曲面   C. 空间曲面   D. 网格面

（3）"熔接网格边缘"命令沿着选取的（　　）将组合在一起的数个网格顶点合并为单一顶点。

    A. X 平行   B. 交线   C. 面   D. 边缘

（4）若网格面存在退化的网格面，可以使用（　　）命令将它删除。

    A. 以公差对其网格顶点   B. 剔除退化的网格面

    C. 对调网格边缘命令   D. 对应网格至NURBS曲面命令

2. 填空题

（1）两网格是一个定义多面体形状的顶点与网格面的集合，Rhino6.9里的网格是由＿＿＿＿＿或＿＿＿＿＿的网格面所构成。

（2）焊接网格命令将组合在一起的数个顶点合并为＿＿＿＿＿。原来的网格顶点内含的贴图坐标、法线向量信息等会被平均/重建/破坏。网格顶点熔接后由＿＿＿＿＿的网格面共用，顶点的法线为相邻的网格面的法线的平均值。

（3）网格的标准体有＿＿＿＿＿、＿＿＿＿＿、＿＿＿＿＿、＿＿＿＿＿、＿＿＿＿＿、＿＿＿＿＿以及＿＿＿＿＿等。

（4）四角化网格命令将两个三角形网格面合并成一个四角形网格面。三角形网格面合并成四角形网格面的过程中，将不考虑＿＿＿＿＿（在角落处有独立的顶点）的情况。

（5）以长宽比抽离网格面命令抽离长宽比大于指定值的网格面。以长宽比抽离网格面命令适用于找出相对于宽度形状很长的网格面，＿＿＿＿＿的比例会被视为较长的网格面。

3. 上机题

    学习了网格面的建立与编辑后，用户可以根据提示动手尝试把NURBS曲面汤勺转换成不同网格面密度的网格汤勺。

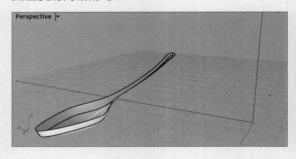 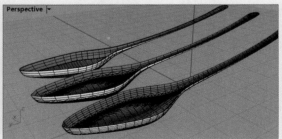

操作提示

    通过"转换曲面/多重曲面为网格"命令，将曲面汤勺模型转换成网格较少的网格模型或网格较多的网格模型。

Chapter 07 尺寸标注和2D视图的建立

本章概述

在本章中，我们将介绍尺寸标注与2D视图的建立这两个辅助建模工具的应用。设计师在建模时，结合尺寸标注与2D视图可以联系实际尺寸，使模型更加精确，减少失误，继而提高建模效率。

核心知识点

❶ 掌握各种尺寸的标注
❷ 掌握剖面线的建立操作
❸ 学习尺寸标注的属性设置
❹ 掌握2D视图的建立操作

7.1 尺寸标注

尺寸标注工具可以让设计师在建模时更好地把握实际物体的尺寸，使模型更加精确。在Rhino中，应用尺寸标注的相关命令，可以创建尺寸标注物件，本节将对各种尺寸的标注方法进行详细介绍。

7.1.1 直线尺寸的标注

"直线尺寸标注"命令用于建立水平或垂直的直线尺寸标注。具体操作为：在菜单栏执行"尺寸标注>直线尺寸标注"命令，按照命令行的提示选取尺寸标注的第一点与第二点，如下左图所示。然后在视图中选择标注线的位置，即可完成操作，如下右图所示。

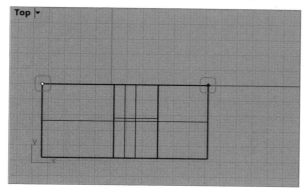 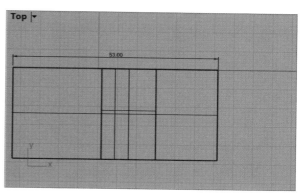

在建立直线尺寸标注时，命令行如下图所示。

尺寸标注的第一点 (注解样式(A)=默认值 物件(O) 连续标注(C)=否 基线(B)=否):

- **注解样式：** 选取注解样式名称。
- **物件：** 选取要标注的物件。
- **连续标注：** 连续建立直线尺寸标注。
- **复原：** 复原上一个动作。
- **基线：** 从第一点开始继续建立尺寸标注。

提示：对齐尺寸的标注

使用"对齐尺寸标注"命令可以建立与两个点平行的直线尺寸标注，此标注命令与"直线尺寸标注"命令类似，具体操作可参考直线尺寸的标注。

7.1.2　旋转尺寸的标注

"旋转尺寸标注"命令可以建立直线尺寸标注，并允许旋转尺寸标注线，使它不与X或Y轴平行。具体操作为：在菜单栏执行"尺寸标注>旋转尺寸标注"命令，按照命令行的提示设置旋转角度，如下左图所示。然后执行旋转尺寸的标注，效果如下右图所示。

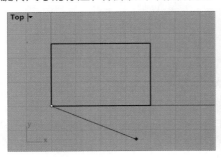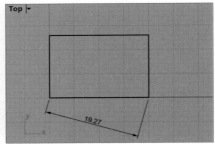

7.1.3　纵坐标尺寸的标注

"纵坐标尺寸标注"命令用于标注一个点从基准点算起的X或Y坐标。具体操作为：在菜单栏执行"尺寸标注>纵坐标尺寸标注"命令，按照命令行的提示指定要标注的点。指定第一个点后，将光标往上或往下移动，显示的是原点到第一个点的X轴偏移值(X基准)，如下左图所示；指定第一个点后，将光标往左或往右移动，显示的是原点到第一个点的Y轴偏移值(Y基准)，如下右图所示。指定引线终点，按Enter键结束指令。

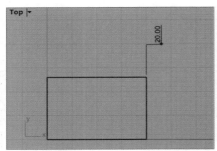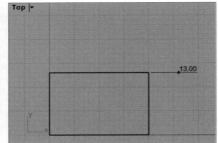

7.1.4　半径尺寸的标注

"半径尺寸标注"命令用于标注圆或圆弧的半径。具体操作为：在菜单栏中执行"尺寸标注>半径尺寸标注"命令，按照命令行提示选取要标注半径的曲线，然后指定尺寸标注的位置，即可完成操作，如下左图所示。命令行中的"曲线上的点"表示在曲线上指定尺寸标注箭头的起点，然后建立标注，完成标注的效果如下右图所示。

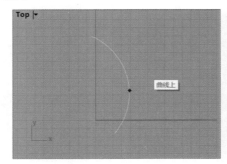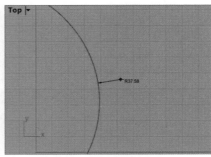

7.1.5　角度尺寸的标注

"角度尺寸标注"命令是从圆弧、两条直线或指定三点标注角度。具体操作为：在菜单栏执行"尺寸标注>角度尺寸标注"命令，在命令行的提示下选取圆弧或第一条直线，创建圆弧角度尺寸，如下左图所示。要创建两条直线角度尺寸，则首先选取两条直线的第一条，然后选取第二条，再选取尺寸标注的位置，完成标注操作，如下右图所示。

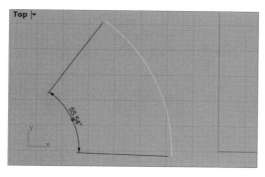 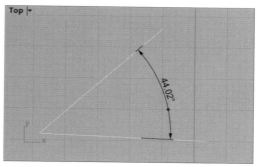

7.1.6　标注引线

"标注引线"命令用于建立有箭头及可附加文字的注解引线。具体操作为：在菜单栏选择"尺寸标注>标注引线"命令，在命令行的提示下指定标注引线的起点，即引线的箭头端，如下左图所示。接下来指定引线的折点，按下Enter键完成操作，此时会弹出"标注引线"对话框，设置相关参数并输入文字，完成操作的效果如下右图所示。

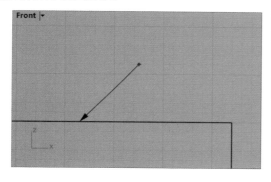 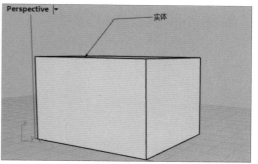

下面对"标注引线"对话框中各选项的含义进行介绍，具体如下。

● **造型**：注解样式名称。

● **高度**：设置高度。

● **遮罩**：尺寸标注与标注引线文字的遮罩边界宽度由文字挑高设定控制。在文字背后加入底色方块。

● **模型空间缩放比**：设置元素（例如箭头或文字）在模型空间的缩放比，通常此值为打印缩放值的倒数。文字的高度、延伸线长度和延伸线偏移距离等显示为它们本身的尺寸值与此值的乘积。

7.1.7　2D文字的注写

"文字方块"命令用于创建二维的注解文本。具体操作为：在菜单栏选择"尺寸标注>文字方块"命令，此时会弹出"文本"对话框，如下左图所示。用户可以参考"标注引线"对话框的设置输入文字，单击"确定"按钮完成操作，效果如下右图所示。

 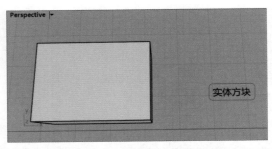

> **提示：直径尺寸的标注**
>
> "直径尺寸标注"命令用于标注曲线的直径。具体操作为：在菜单栏选择"尺寸标注>直径尺寸标注"命令，然后可以参考半径尺寸的标注操作进行标注。

7.1.8　注解点的创建

"注解点"命令用于建立注解点，注解点在视图中的大小是固定，而且总是正对视图。在菜单栏选择"尺寸标注>注解点"命令时，会弹出"圆点"对话框，如下左图所示。编辑文字形式、输入显示文字以及次要文字（注解点物件包含的附加信息）后，单击"确定"按钮完成操作，效果如下右图所示。

 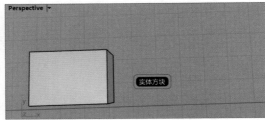

实战练习 零件俯视图尺寸标注

下面通过具体操作实例，介绍给产品零部件俯视图尺寸标注的操作方法，以巩固和加深对所学命令的理解，具体操作步骤如下。

步骤 01 首先打开"产品零部件俯视图.3dm"，如下左图所示。

步骤 02 执行"直线尺寸标注"命令，标注零件长、宽、高以及其他细节尺寸，如下右图所示。

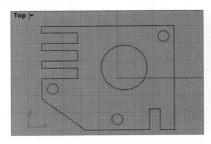 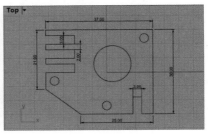

步骤 03 接下来运用尺寸标注命令标注倾斜边的尺寸，如下左图所示。

步骤 04 最后运用"半径尺寸标注"或"直径尺寸标注"命令标注圆的尺寸，其中尺寸相同的三个小圆可以只标注一处避免累赘，单击标注好的一个小圆尺寸，然后在右侧尺寸标注面板中编辑标注文字加"*3"，表示有三个相同尺寸的圆。标注好的尺寸图如下右图所示。

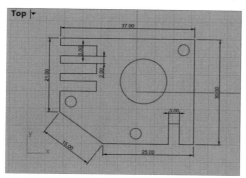 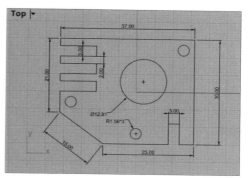

7.2　剖面线的绘制

剖面线是以直线组成的图案填满曲线边界内的区域。绘制剖面线的具体操作为：在菜单栏选择"尺寸标注>抛面线"命令，然后按照命令行的提示选取曲线，如下左图所示。此时将弹出"剖面线"对话框，设置剖面线图案及相关参数后单击"确定"按钮完成绘制，如下右图所示。

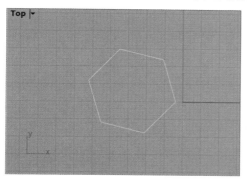 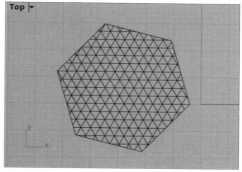

下面对"剖面线"对话框中各选项的含义进行介绍，具体如下。

- **图案**：显示剖面线定义的名称。
- **图案旋转角度**：设置图案的旋转角度。
- **图案缩放比例**：设置剖面线图案的缩放比例。
- **储存基准点**：勾选该复选框，将设定的基准点做为以后使用这个剖面线图案的基准点。
- **设定基准点**：设定剖面线图案的起点。
- **边界**：勾选该复选框，可以重新选取边界。

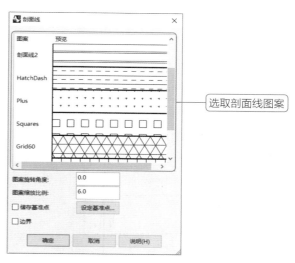

7.3 尺寸标注属性设置

要设置尺寸标注的属性，则首先选取要设置属性的尺寸标注，此时在尺寸标注面板中会显示此尺寸标注的属性信息，用户可以在面板中更改尺寸标注造型，若没有设置好的标注样式，可以选择"编辑样式"选项，如下左图所示。将打开"文件属性"注解样式对话框，设置新的尺寸标注造型，如下右图所示。

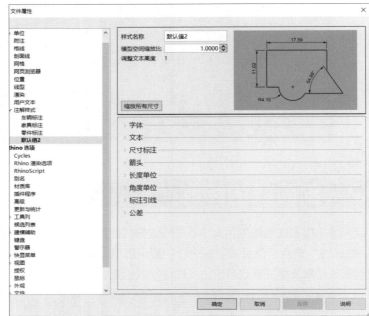

7.4 2D视图的建立

"建立2D图面"命令可以将几何物件投至工作平面建立2D图面，该命令会为选取的NURBS物件在每一个视图中建立轮廓线，将轮廓投影到视图的工作平面成为平面曲线，然后放置到世界XY平面。具体操作为：在菜单栏选择"尺寸标注>建立2D图面"命令，然后按照命令行的提示选取要建立2D图面的物件，如下左图所示。此时会弹出"2-D画面选项"对话框，设置样式后单击"确定"按钮完成操作，如下右图所示。

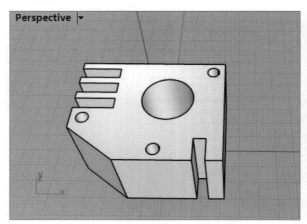
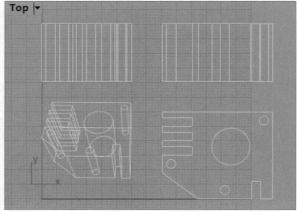

下面对"2-D画面选项"对话框中各选项的含义进行介绍，具体如下。

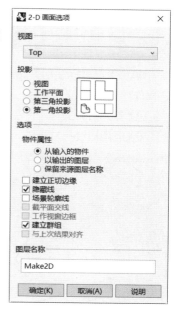

- **"视图"选项区域**：单击该下拉按钮，在下拉列表中选择用于投影的视图选项。下拉列表中包含标准视图及已命名视图。
- **"视图"单选按钮**：选择该单选按钮，则只建立目前视图的2D图面。
- **工作平面**：选择该单选按钮，则在目前视图的工作平面建立2D图面。
- **第三角投影**：选择该单选按钮，则以第三角度图面配置建立四个视图，使用世界坐标正交投影(不是目前的工作视窗的视图或工作平面方向)。
- **第一角投影**：选择该单选按钮，则以第一角度图面配置建立四个视图，使用世界坐标正交投影。
- **从输入的物件**：选择该单选按钮，则复制输入物件的属性。
- **以输出的图层**：选择该单选按钮，属性由输出物件所在的图层决定。
- **建立正切边缘**：勾选该复选框，则绘制多重曲面的正切边缘。
- **隐藏线**：勾选该复选框，则在指定的图层绘制隐藏线。
- **场景轮廓线**：勾选该复选框，则绘制物件的轮廓线，并以较粗的线宽显示。
- **截平面交线**：勾选该复选框，则建立截平面交线。
- **工作视窗边框**：勾选该复选框，则绘制一个矩形代表工作视窗的边框，该复选框只对透视图起作用。
- **建立群组**：勾选该复选框，则依据来源物件，将输出物件放置到群组。
- **与上次结果对齐**：勾选该复选框，则无论视图是否更改，都会将输出结果和上次输出的物件放到同一个平面上。
- **图层名称**：为可见线设置图层名称。

 # 知识延伸：视图文件的导出

　　AutoCADdrawing(.dwg)是储存2D与3D几何图形的一种常用文件格式，是一些CAD软体的原生文件格式，AutoCAD 是其中之一。下面以.Dwg为例，介绍视图文件的导出操作。首先从"文件"菜单中选择"另存为"或"导出选取的物件"命令，将弹出"储存"对话框，在"保存类型"下拉列表中可以查看文件的导出类型。选择支持的文件类型后，在"文件名"文本框中输入文件名称，单击"保存"按钮，会弹出"DWE/DXF"对话框，如下图所示。选择要使用的导出配置，单击"确定"按钮完成操作。

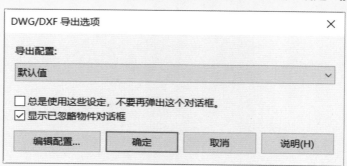

上机实训：产品零部件尺寸标注

学习里尺寸标注相关命令的应用后，接下来介绍如何运用所学知识对产品零部件进行尺寸标注，具体的操作步骤如下。

步骤 01 首先打开文件"产品零件.3dm"文件，如下左图所示。

步骤 02 运用直线尺寸标注，标注零件的长、宽、高以及细节部位的尺寸，如下右图所示。

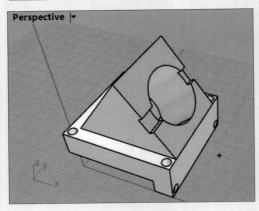 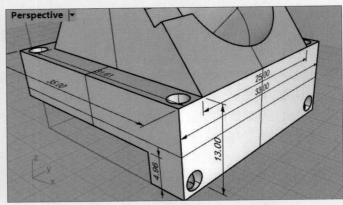

步骤 03 然后运用"对齐尺寸标注"命令，标注倾斜部分的尺寸，如下左图所示。

步骤 04 运用"直径尺寸标注"或"半径尺寸标注"命令，标注圆形部分的尺寸大小，如下右图所示。

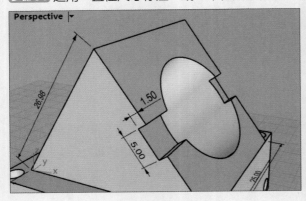 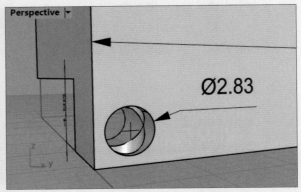

课后练习

1. 选择题

（1）"文字方块"命令用于创建（　　）的注解文本。

  A. 三维   B. 实体

  C. 二维   D. 平面

（2）（　　）表示设置元素（例如箭头或文字）在模型空间的缩放比。

  A. 模型空间缩放比   B. 遮罩

  C. 图案旋转角度   D. 基准点

（3）"注解点"命令用于建立注解点，注解点在视图中的大小固定，而且总是（　　）视图。

  A.平行   B. 垂直

  C. 相交   D. 正对

（4）（　　）命令用于建立直线尺寸标注，并允许旋转尺寸标注线，使它不与 X 或 Y 轴平行。

  A. 纵坐标尺寸的标注   B. 旋转尺寸的标注

  C. 对齐尺寸的标注   D. 直线尺寸标注

2. 填空题

（1）角度尺寸标注从_____、_____或_____标注角度。

（2）_____是储存2D与3D几何图形的一种常用文件格式，是一些CAD软体的原生文件格式，AutoCAD 是其中之一。

（3）剖面线以_____组成的图案填满曲线边界内的区域。

3. 上机题

  在学习了尺寸标注的创建以及编辑操作后，用户可以根据下左图的效果，自己动手创建零件视图的尺寸标注，标注后的效果如下右图所示。

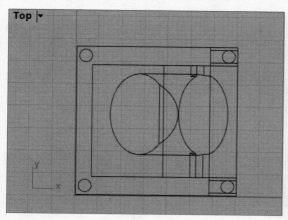 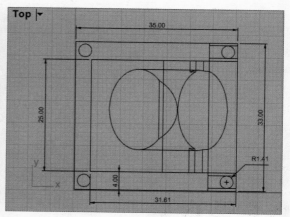

操作提示

  （1）运用"直线尺寸标注"命令标注零件长、宽、高以及其他细节尺寸；

  （2）运用"半径尺寸标注"或"直径尺寸标注"命令标注圆的尺寸。

Chapter 08 Keyshot渲染器应用

本章概述

渲染是模拟物理环境的光线照明以及物理世界中物体的材质质感来得到较为真实的图像的过程，目前流行的渲染器中常与Rhino对接渲染的是Keyshot渲染器，本章将介绍Keyshot渲染器的应用及渲染操作技巧。

核心知识点

❶ 了解Keyshot渲染器

❷ 掌握Keyshot与Rhino的对接

❸ 掌握Keyshot的基本操作方法

❹ 熟练操作Keyshot渲染器

8.1 认识Keyshot渲染器

Keyshot是一款实时的光线追踪与全局光渲染软件，本节将对该渲染器的工作界面、文件导入以及渲染参数设置等内容进行详细介绍。

8.1.1 Keyshot渲染器的工作界面

Keyshot 8.0渲染器的工作界面包括菜单栏、功能区、工作视窗、面板工具栏以及在面板工具栏中打开的库面板和项目面板等。

按下空格键，将会打开"项目"面板，在该面板中用户可以对场景中的一些材质进行编辑加工，需要的一些参数可以在面板中的"场景"、"材质"、"环境"、"照明"、"相机"、"图像"选项中进行编辑。

按下快捷键M，可以打开"库"面板，在该面板中包含各种模型所需要的工具、材料、设备等。

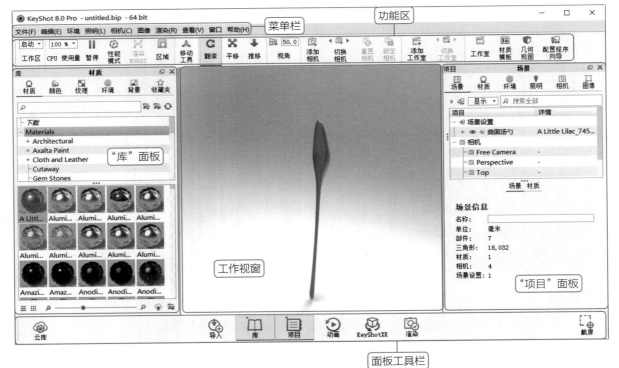

8.1.2　将Rhino文件导入Keyshot

要将3D文件导入Keyshot中，用户可以单击Keyshot操作界面下方的"导入"按钮，打开Keyshot导入对话框，然后选择要导入的3D文件，此时会弹出"Keyshot导入"对话框，如右图所示。在该对话框中进行相关选项的设置后，单击"导入"按钮，完成文件的导入操作。

下面对"Keyshot导入"对话框中各选项的含义和应用进行介绍，具体如下。

- **几何中心**：勾选该复选框，将导入的模型放置在环境的中心位置，模型原有的三维坐标会被移除。未勾选该复选框时，模型会被置在原有三维场景的相同位置。
- **贴合地面**：勾选该复选框，将导入的模型直接放置在地平面上。
- **保持原始状态**：勾选该复选框，模型将保持原始状态导入，并保留与原始起点有关的模型的位置。
- **向上**：不是所有的三维建模软件都会定义相同的向上轴向，根据用户的模型文件，可能需要设置与默认"Y向上"不同的方向。
- **调整相机来查看几何图形**：勾选该复选框时，相机将居中以适应场景里导入的几何图形。
- **调整环境来适应几何图形**：勾选该复选框时，环境将调整大小以适应场景里导入的几何图形。

提示：Rhino文件的准备

在产品设计过程中，设计师往往需要将设计构思通过手绘草图的形式表现出来，然后用二维效果图的方式把草图更为具体的呈现，最后根据二维效果图在Rhino软件中进行三维建模。使用Rhino建模完成后，就要进入到渲染阶段。在Rhino中可以将文件保存为3dm、3ds或iges格式，然后导入到Keyshot中进行渲染处理。

8.1.3　Keyshot功能及参数设置

Keyshot是一个完全基于CPU为三维数据进行渲染和动画操作的独立渲染器，它具备了创建快速、准确、神奇的视觉效果所需的一切功能，以实时的工作流程为特色，即时查看渲染和动画的形成，减少了创建完美照片的时间。

在菜单栏中执行"编辑>首选项"命令，将弹出"首选项"对话框，在该对话框中用户可以根据需要对软件的相关参数进行设置，如下图所示。在"首选项"对话框中，选择左侧列表框中的"常规"选项，将打开"常规"选项面板，下面对该面板中一些重要参数的含义进行介绍，具体如下。

- **调整长宽比到背景**：调整实时渲染的长宽比与背景贴图的长宽比一致。
- **自动更新**：当有新版本可下载时，系统会提示用户下载。
- **在以下时间后暂停实时渲染**：实时渲染会100%占用CPU，在这里进行相应的设置来确定每过多长时间会自动停止实时渲染。若CPU不是很强悍的话，建议15s暂停一次。开启"任务管理器"可以查看CPU的使用率。
- **截屏**：在该选项区域中，Keyshot可以将实时渲染的画面通过截屏保存，保存的格式有.jpg和.PNG两种，用户还可以自行指定截图的质量。
- **询问将各个截屏保存到哪里**：每次截屏都询问保存目录，一般不用勾选。
- **每个截屏时保存一个相机**：此复选框比较重要，每次截屏时所使用的视角会自动保存在"相机"面板中，以便以后再次调用这个截图的视角。

8.2 Keyshot与Rhino的对接

实现Keyshot与Rhino的对接问题需要用到插件，下面网址是Keyshot官网的插件，用户可以放心下载。打开网页后找到下左图的犀牛图标，下载地址为https://www.Keyshot.com/resources/downloads/plugins/。下载完成后进行安装，显示下右图的状态表示安装成功。

此时重新启动Rhino软件会显示下左图所示图标，表示成功对接，可以在Rhino中直接打开Keyshot渲染器进行细节渲染。若不小心关闭或者打开之后没有此图标，用户可以打开Rhino的"文件属性"对话框，在"工具列"❶选项面板中勾选Keyshot8插件复选框❷，单击"确定"按钮完成操作，如下右图所示。

8.3 Keyshot基本操作

介绍完Keyshot渲染前的准备工作后，下面将具体介绍渲染的实际操作，如物件的移动与旋转、场景的设置、材质的编辑以及摄像机视角的调整等。

8.3.1 移动和旋转场景

要移动场景，用户可以按住鼠标中键，在视图操作区的空白处或模型上进行上下左右拖动，即可对视图进平移操作，平移视图效果如下图所示。

若要旋转视图，用户可以按住鼠标左键，在视图操作区的空白处或模型上进行上下左右拖动，即可对视图进行旋转操作，此时工具栏的第二排旋转按钮呈蓝色激活状态，旋转视图效果如下图所示。

8.3.2 缩放场景

若要缩放视图，用户可以滑动鼠标中键进行场景缩放。向上滚动鼠标中键，即缩小模型；向下滚动鼠标中键，即放大模型，缩放视图对比效果如下图所示。

除了应用鼠标进行场景的缩放、移动和旋转外，用户还可以使用工具栏中的"移动"、"缩放"和"旋转"按钮来进行视图操作，方法是单击相应的按钮进行激活，然后使用鼠标左键在视图区域操作，如下图所示。

8.3.3 隐藏与显示组件

若要隐藏组件，则右击需要隐藏的部件，在弹出的快捷菜单中选择需要隐藏的部件选项，如下左图所示。当右击某个部件并选择"仅显示"命令时，模型的单个部件将会显示。部件的显示与隐藏也可以通过单击场景树中的小眼睛图标进行隐藏与显示切换，下右图中灰色有红色斜杠表示隐藏的组建。

8.3.4 移动组件

在KeyShot渲染器中，用户可以通过右击模型或部件，在弹出的快捷菜单中选择"移动模型或移动部件"命令来移动模型和部件，此时会显示操作轴与移动对话框下红框内所示，突出不同的控键，通过单击和拖动，在X、Y和Z轴方向进行平移、旋转和缩放，如下图所示。

- 轴：选择一个轴，通过这里参考用户的转换，选择"本地"单选按钮，则使用部件或模型内部固有的轴；若选择"全局"单选按钮，则使用Keyshot场景里的X、Y、Z坐标轴；若要对齐15度，则拖动旋转手柄的时候按住Shift键。
- 枢轴：用于设置旋转枢轴点，用户只需单击"拾取"按钮，打开"枢轴选择"对话框，选择需要的部件，然后单击"完成"按钮来更新移动窗口部件的位置。

- **对齐到枢轴：** 选择枢轴之后，可以单击该按钮将对象对齐到所选的枢轴点。
- **对齐到较低对象：** 单击该按钮，软件会自动将对象边界框的底部边缘移动到位于下面部件边界框的顶部边缘。
- **贴合地面：** 单击该按钮，可以沿Y轴方向快速移动模型，以便与地平面相切，这在模型已经改变，且不再接触地平面的时候非常有用。

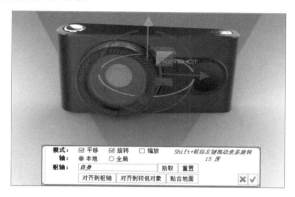

8.3.5　编辑组件材质

材质可以看成是材料和质感的结合，在对模型进行渲染的过程中，它是表面各可视属性的结合，这些可视属性是指表面的色彩、纹理、光滑度、透明度、反射率、折射率、发光度等，因此材质在3D渲染过程中有着非常重要的作用，下面对物件材质的编辑操作进行介绍。

当在材质库中使用材质并分配到模型时，该材质被放置在"项目"材质库副本下右图红框内。所有材质将以缩略图的形式表示，该窗口将显示活跃场景内的所有材质，如下左图所示。如果材质不再使用在场景中，它会自动从项目库中删除。

查看材质特性并进行更改的方法有很多种，但所有的编辑都是通在"项目"面板的"材质"选项卡下进行的，如下右图所示。打开"材质"选项卡有两种方式，一是用户可以在实时视图模型上通过双击材质的一部分，二是双击"项目"面板场景选项卡里场景树的一部分。然后就可以对物件的材质进行编辑，并且对材质所做的所有编辑将在实时视图中交互更新，随时观看效果。

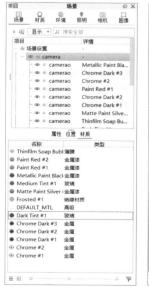
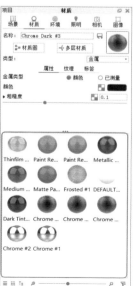

8.3.6 赋予组件贴图

在Keyshot渲染器中，所有的贴图纹理设置都位于"项目"面板❶"材质"选项卡❷下的"纹理"子选项卡❸中，在该选项卡下列出了所有可用的纹理类型，如下左图所示。

要想赋予组建贴图纹理，则用户可以双击要添加的纹理样本，在打开的窗口中选择应用为纹理的图像文件，或从"库"面板中直接拖放系统自带的纹理样式，如下右图所示。

用户还可以通过程序贴图下拉列表，选择纹理类型作为纹理贴图，使用列表里的复选框切换显示纹理。需要注意的是，可用的纹理类型将根据用户正在使用的材质类型而改变。

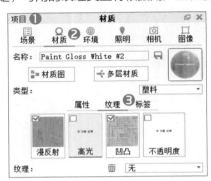 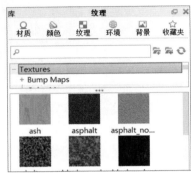

 知识延伸：调整渲染视角

右图为Keyshot渲染器中的"相机"选项面板，在该面板中用户可以编辑场景中的相机视角，即用于出图的渲染视角。下面将对"相机"选项面板中各选项的应用进行具体介绍。

- **相机：** 在该下拉列表框中包含了场景中所有的相机，选择一个相机，场景会切换为该相机的视角。单击右边的+、－图标，可以增加或删除相机。

- **已锁定/已解锁：** 单击右边的"已锁定"或"已解锁"按钮（灰色小锁）图标，可以锁定或解锁当前的相机。若相机被锁定，所有参数都变为灰色显示，并且不能被编辑，在创建中也不能改变视角。

- **距离：** 拖动滑块，可以推拉相机向前或向后，当数值为0时，相机会位于世界坐标的中心；数值越大，相机距离中心越远。拖曳滑块改变数值的操作，相当于在渲染视图中滑动鼠标滚轮改变模型景深的操作。

- **方位角：** 用于控制相机的轨道，该数值范围为－180°~180°，通过调节此参数，可以使相机围绕目标点环绕360°。

- **倾斜：** 用于控制相机的垂直仰角或高度，数值范围为－89.99°~89.99°，调节此数值可以使相机垂直向下或向下观察。

- **扭曲角：** 数值范围为－180°~180°，调节此数值可以扭曲相机，使水平线产生倾斜。

- **设置相机焦点**：单击该按钮，则采用和实际摄影一样的方式来调整焦距，低一些的数值模拟广角镜头，高一些的数值模拟变焦镜头。
- **标准视图**：下拉列表中提供了"前"、"后"、"左"、"右"、"顶部"和"底部"6个方向选项，选择相应的选项，当前相机会被移至该位置。

上机实训：红酒杯模型的渲染表现

学习了Keyshot渲染器的应用后，下面将介绍应用Keyshot渲染器为红酒杯模型添加材质并且进行渲染的方法，具体步骤如下。

步骤 01 打开Keyshot渲染器，然后在菜单栏选择"文件>打开"命令，在打开的"打开文件"对话框中找到"红酒杯模型.3dm"素材文件，然后在弹出的"Keyshot导入"对话框中进行相应的设置，如下左图所示。

步骤 02 设置完成后单击"导入"按钮，把模型导入到渲染器中，如下右图所示。

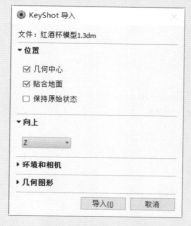

步骤 03 下面开始赋予酒杯材质，首先双击酒杯模型，打开"项目"材质面板，设置材质类型为玻璃❶、色彩为白色❷、折射指数为1.5❸，勾选"折射"（双面）复选框❹，如下左图所示。

步骤 04 效果如下右图所示。

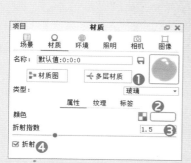

步骤 05 下面设置红酒的材质，可以在场景组件选项中选择红酒液体模型，双击进行材质设置，具体设置参数如下左图所示。

步骤 06 设置完材质后，在库环境中给酒杯添加环境，如下右图所示。

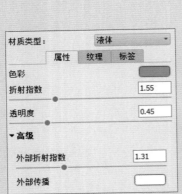

步骤 07 然后单击工具栏中的"渲染"按钮，在打开的"渲染"对话框中设置输出的格式，如下图所示。

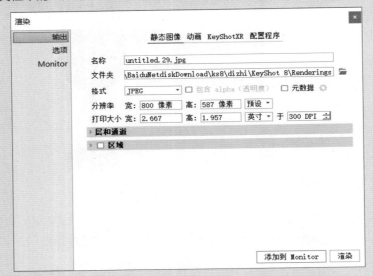

步骤 08 查看渲染后的红酒杯效果，如下图所示。

课后练习

1. 选择题

（1）Keyshot具备了创建快速、准确、神奇的视觉效果所需的一切功能，以（　　）为特色，即时查看渲染和动画的形成，减少了创建完美照片的时间。

　　A. 实时的工作流程　　　　B. 高效率渲染　　　　C. 完美材质　　　D. 迅速的渲染速度

（2）按下（　　）键，会出现"项目"面板，用以对场景中的一些材质进行编辑加工。

　　A. 空格　　　　　　　　　B. Ctrl　　　　　　　　C. Alt　　　　　　　D. Shift

（3）移动场景时按住（　　），在视图操作区的空白或模型上进行上下左右拖动，即可对视图进行平移操作。

　　A. 鼠标滚轮　　　　　　　B. 鼠标中键　　　　　　C. 鼠标右键　　　　D. 鼠标左键

（4）材质可以看成是的（　）结合，在渲染过程中，它是表面各可视属性的结合，这些可视属性是指表面的色彩、纹理、光滑度、透明度、反射率、折射率、发光度等。

　　A. 质量与质感　　　　　　B. 材料和质感　　　　　C. 材质与纹理　　D.环境与颜色

2. 填空题

（1）使用Rhino建模完成后，就要进入到渲染阶段。在Rhino中，可以将文件保存为＿＿＿＿＿＿、＿＿＿＿＿＿或＿＿＿＿＿＿格式，然后导入到Keyshot中进行渲染处理。

（2）在Keyshot渲染器中，所有的贴图纹理设置位于"项目"面板"材质"选项卡的＿＿＿＿＿＿子选项卡中，这里列出了所有可用的纹理类型。

（3）在Keyshot渲染器的＿＿＿＿＿＿中，用户可以编辑场景中的相机视角。

（4）旋转视图时按住＿＿＿＿＿＿在视图操作区的空白或模型上进行上下左右拖动，即可对视图进行旋转操作。

3. 上机题

　　学习了模型渲染的相关操作后，打开素材文件夹中的凳子模型，利用本章所学知识给凳子添加材质并渲染，从而对所学知识进行巩固。材质设置如下左图所示，渲染后的效果如下右图所示。

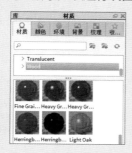 

操作提示

　　（1）首先打开"凳子.3dm"文件；

　　（2）在左侧库材质选项框中选择木头（wood）材质选项，然后将合适的木纹直接拖到模型上赋予模型材质；

　　（3）赋予材质后单击"渲染"按钮，设置输出样式，进行渲染操作。

读书笔记

Part 02
综合应用篇

综合案例篇共3章内容，主要通过对卡通闹钟模型、电钻模型和智能音箱模型操作过程的介绍，对Rhino常用和重点知识进行精讲和操作。通过本部分内容的学习，可以使读者更加深刻掌握Rhino软件的实际应用，达到运用自如、融会贯通的学习目的。

Chapter 09　制作卡通闹钟模型

本章概述

本章通过卡通闹钟模型的设计过程，引领读者领悟和掌握Rhino三维建模的思路和方法，将前面介绍的软件的常用功能和命令结合起来，在实践中灵活应用，达到融会贯通的目的。

核心知识点

❶ 掌握曲面工具的应用
❷ 掌握曲线工具的应用
❸ 掌握实体工具的应用
❹ 掌握曲线圆角工具的应用

9.1　制作闹钟大体轮廓

要制作卡通闹钟，首先需要创建的是闹钟的大体轮廓，下面介绍应用多重曲线、圆弧以及单轨扫略等命令制作闹钟外壳轮廓的过程，具体操作如下。

步骤 01 打开下左图的卡通闹钟图片，分析闹钟的结构，然后分析每个结构是通过什么命令创建的。

步骤 02 首先创建闹钟的前视轮廓，用户可以通过"控制点曲线"命令，打开"锁定格点"模式，参数大小参考格数，建立的闹钟轮廓如下右图所示。

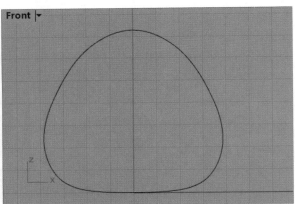

步骤 03 接着应用"多重曲线"和"圆弧"命令创建闹钟的侧面轮廓曲线，大体尺寸可以参考格数，如下左图所示。

步骤 04 在Perspective视图中观察这两条曲线的相对位置关系，如下右图所示。

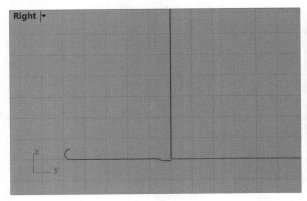
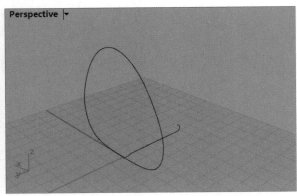

步骤 05 选择"单击三个或四个角建立曲线" 命令集下的"单轨扫略" 命令，如下左图所示。

步骤 06 然后按照命令行的提示选取封闭曲线作为路径，选取在Right视图绘制的曲线作为断面曲线，按下Enter键确定选择，单轨扫略选项保持默认设置即可，闹钟外壳大体轮廓如下右图所示。

 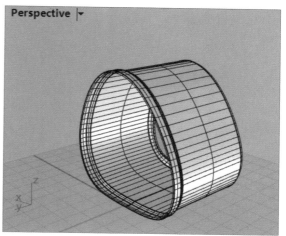

9.2　制作钟表盘

制作完闹钟外壳的轮廓模型后，本小节将介绍应用"单轨扫略"、"偏移曲线"以及"以平面曲线建立曲面"等命令制作卡通闹钟钟表盘的操作过程，具体如下。

步骤 01 打开端点捕捉模式，捕捉之前在Right视图绘制曲线的端点，在Right视图中绘制一条曲线，大体尺寸如下左图所示。

步骤 02 相同的方法单轨扫略，仍旧以在前视图所绘制封闭曲线为路径，以上一步所绘制的曲线为断面曲线，"单轨扫略"选项保持默认设置，形成下右图的曲面，即为闹钟的内壳。此曲面与外壳体分开建模，是因为它们材质不同。

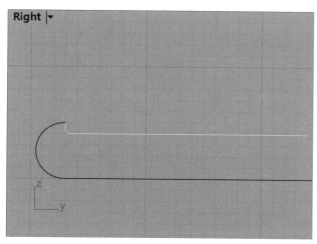 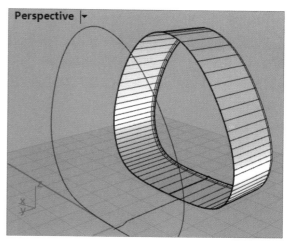

步骤 03 选择"曲线圆角"命令集下的"偏移曲线"命令，如下左图所示。

步骤 04 然后选取在Front视图所绘制的封闭曲线，对其向内偏移，距离为4mm，结果如下右图所示。

选择

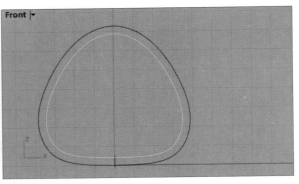

步骤 05 选取上一步偏移曲线形成的曲线，然后选择"以三个或四个角建立曲面" 命令集下的"以平面曲线建立曲面" 命令，形成一个平面，如下左图所示。

步骤 06 将此平面（黄色轮廓线）向前移动到下右图的位置，建立钟表盘。

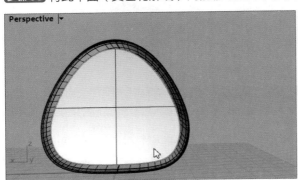

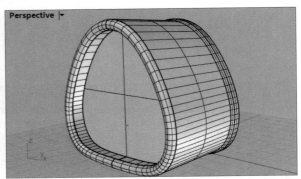

9.3 制作闹钟铃铛

制作完卡通闹钟钟表盘模型后，下面将介绍应用"端点捕捉"模式、"旋转成形"命令、"圆管"命令、"镜像"命令、"布尔运算交集"命令以及"切割"命令等制作卡通闹钟铃铛的操作过程，具体如下。

步骤 01 首先制作闹钟头上的两个铃铛，在Front视图绘制一条长32mm的水平线段。打开中点捕捉模式，捕捉水平线段中点，绘制一条竖直线段，如下左图所示。

步骤 02 然后打开端点捕捉模式，绘制下右图的曲线，注意曲线的控制点位置关系。

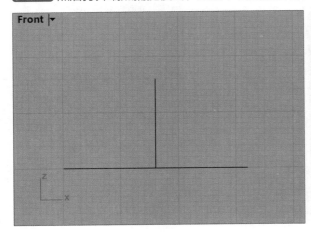

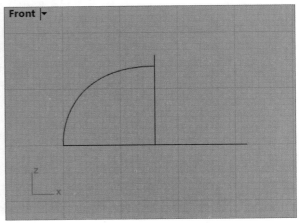

步骤 03 选取此曲线，选择"以三个或四个角建立曲面" 命令集下的"旋转成形" 命令，以竖直线段为旋转轴，形成曲面，制作出闹钟铃铛的大体轮廓，如下左图所示。

步骤 04 将闹钟铃铛曲面旋转一定角度，并且移动到恰当的位置，如下右图所示。

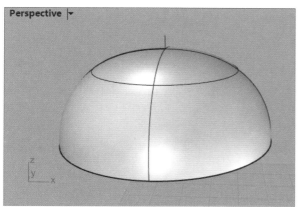
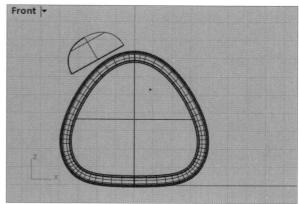

步骤 05 在Front视图中绘制下左图的线段。

步骤 06 然后选择"立方体" 命令集下的"圆管" 命令，以此线段形成一个半径为1mm的圆柱体。注意设置命令行的"厚度"为"否"、"加盖"为"平头"，如下右图所示。

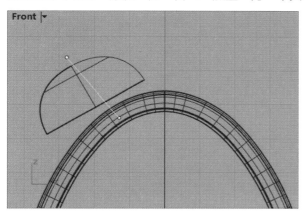
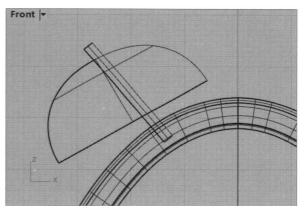

步骤 07 选中圆柱和闹钟铃，选择"移动" 命令集下的"镜像" 命令，以网格中线（绿线）为镜像平面镜像一组到闹钟右侧，如下左图所示。

步骤 08 然后在Right视图移动四个模型到下右图的位置。

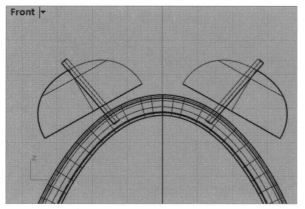
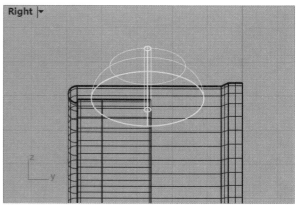

步骤 09 下面制作闹钟两个小短腿，首先使用"直线"命令绘制出下左图的折线。

步骤 10 然后使用创建闹钟外壳的方法，用"旋转"命令制作出下右图的圆柱体。

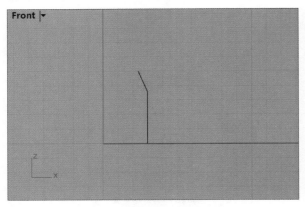
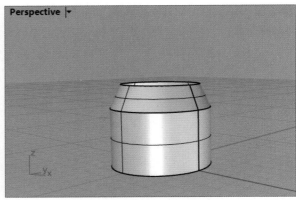

步骤 11 选择"多边形：中心、半径"命令，将"边数"设置为6，在Top视图制作圆柱体的同心多边形，如下左图所示。

步骤 12 然后选择"立方体"■命令集下的"挤出封闭的平面曲线"命令■，挤出同样的高度，效果如下右图所示。

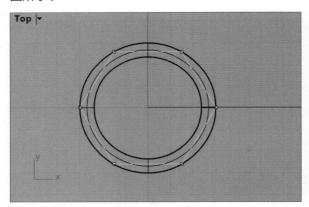
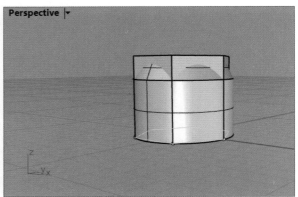

步骤 13 此时两个实体相交的部分就是我们要的闹钟腿了，然后选择工具栏"布尔运算联集"命令集下的"布尔运算交集"命令，如下左图所示。

步骤 14 选择后按照命令行的提示选取第一组物件，按下Enter键确认选取，然后选取第二组物件按下Enter键完成操作，效果如下右图所示。

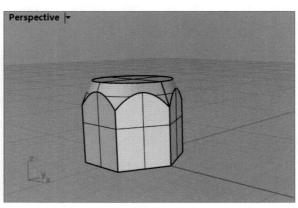

步骤 15 接着制作闹钟腿的下半部分，首先在Front视图绘制下左图的曲线。

步骤 16 然后通过"旋转成形" 💡 命令制作出实体，并在刚做好的模型顶端制作其同心球，作为闹铃的脚，效果如下右图所示。

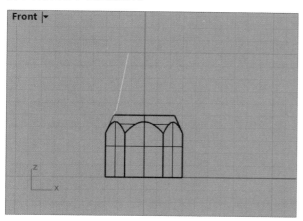
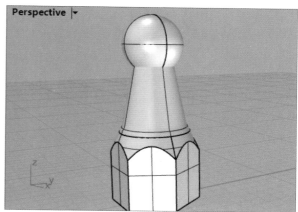

步骤 17 将闹钟腿移动到合适的位置，如下左图所示。

步骤 18 然后在Front视图中以绿色线为轴"镜像"出另一条腿，此时闹钟腿部就制作完成了，效果如下右图所示。

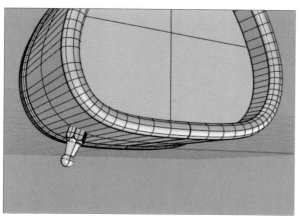
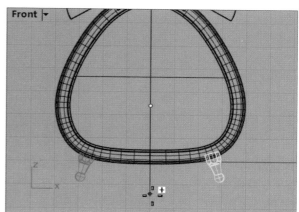

步骤 19 应用和制作闹钟腿部相同的方法，制作下左图的固定提梁的螺母模型。

步骤 20 将此模型移动并旋转到下右图的位置，并执行镜像操作。

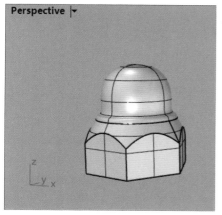
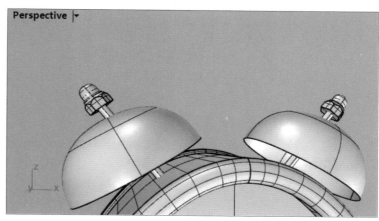

步骤21 然后制作闹钟的提梁，首先绘制下左图的黄色曲线，注意右数第一个与第二个控制点之间两线要接近为水平。

步骤22 再选择"立方体" 命令集下的"圆管" 命令，以此线段形成一个半径为1mm的圆柱体。注意设置命令行的"厚度"为"否"、"加盖"为"圆头"，如下右图所示。

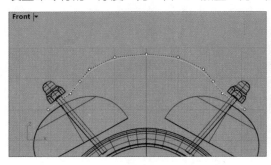
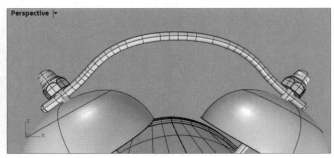

步骤23 下面制作闹钟铃的击锤，首先在Front视图中绘制下左图的黄色曲线。将其旋转成型，此为击锤头。

步骤24 将击锤头部分向前移动到两个闹钟铃之间，然后使用立方体工具制作一个薄的长方体作为击锤的锤柄部分，将其移动到下右图的位置并摆放好。

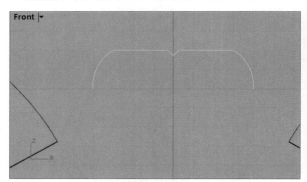
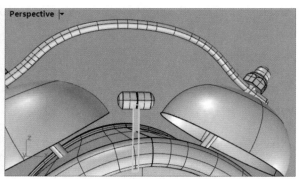

步骤25 在Top视图应用"矩形"命令 绘制一个将击锤包括进去的矩形。然后通过"投影曲线" 命令投影到闹钟壳上，如下左图所示。

步骤26 然后选择"切割" 命令，按照命令行的提示制作击锤杆左右摇摆的洞，如下右图所示。

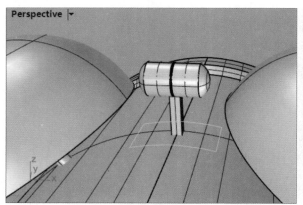
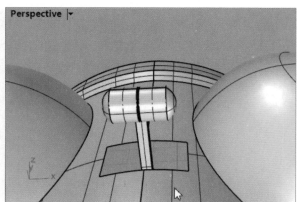

9.4　制作表针轴

　　下面介绍应用"曲线"、"挤出封闭的平面曲线"、"重建曲线"、"文字物件"以及"将平面加洞"等功能制作卡通闹钟表针轴的操作过程，具体如下。

步骤 01 要制作表针轴，首先在Top视图绘制下左图的黄色曲线，并将其旋转成型，形成表针轴。

步骤 02 将表针轴向上并向前移动到下右图的位置。

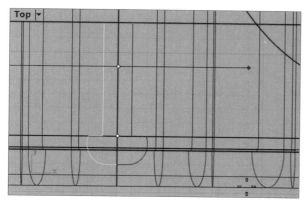
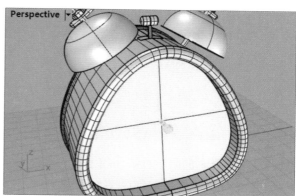

步骤 03 通过"曲线"命令制作出表针轮廓曲线，如下左图所示。

步骤 04 然后通过"挤出封闭的平面曲线"命令给表针轮廓曲线挤出一定的厚度，如下右图所示。

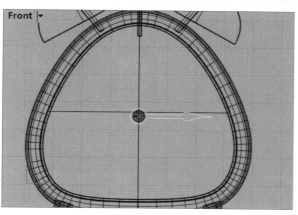
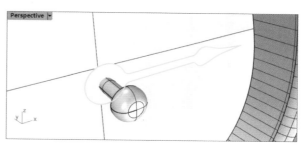

步骤 05 以相似的方法制作时针、秒针与闹铃针，如下左图所示。

步骤 06 将这些指针以从前到后为秒针、分针、时针、闹铃针的顺序排布在表针轴上，如下右图所示。

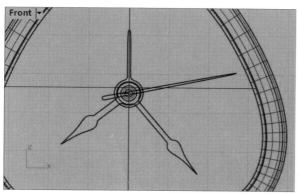
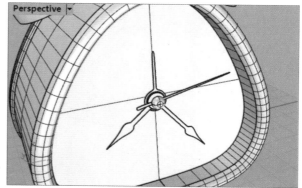

步骤 07 接下来将作为表盘的轮廓线向内挤出8mm，如下左图所示。

步骤 08 选择工具栏下"曲线圆角"命令集下的"重建曲线"命令，在命令行中设置点数为60①，然后单击"确定"按钮②，如下右图所示。

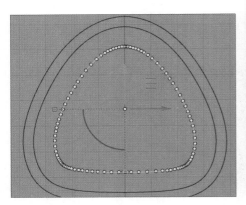
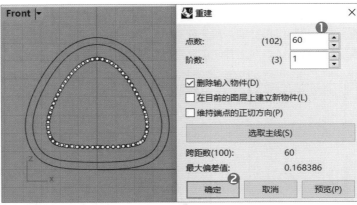

步骤 09 选中重建而成的曲线，单击开启控制点，观察到曲线上有60个均匀排布的控制点，打开节点捕捉模式，捕捉曲线上的控制点为球心，然后分别建立半径为1.3mm和0.8mm的球，如下左图所示。

步骤 10 建立完一半后执行"镜像"命令，以绿轴为对称轴把另一半镜像过去，下右图为完成效果。

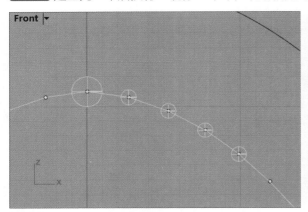
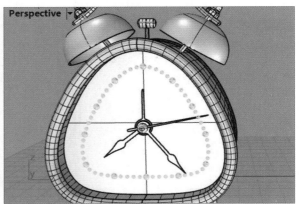

步骤 11 单击文字物件，在要建立的文字中输入12，在命令行中设置选项为"实体"、文字大小为中、高度为4mm、实体厚度为1mm，然后将做好的实体放到合适的位置，如下左图所示。

步骤 12 同样的方法制作出其他的数字实体，并放到恰当的位置，如下右图所示。

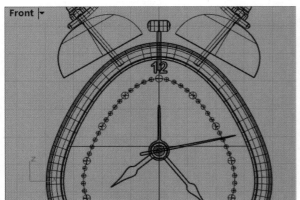
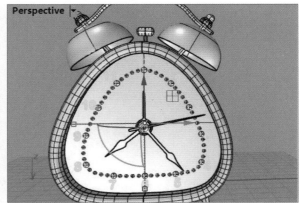

步骤 13 通过"布尔运算交集"命令集下的"将平面加洞" 命令，为闹钟壳加后壳，效果如下图所示。

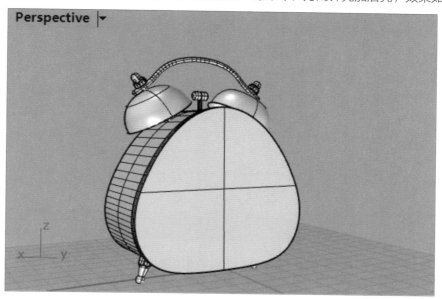

步骤 14 至此，闹钟模型就制作完成了，具体的细节用户可以根据自己的喜好添加，然后为闹钟添加简单的材质并进行渲染，最终效果如下图所示。

Chapter 10 制作电钻模型

本章概述

本章将借助Rhino强大的曲面制作功能和简单易懂的操作命令，创建精度非高的电钻模型，然后使用Keyshot进行渲染输出。通过本案例的学习，使用户对使用Rhino进行各种建模工具的应用和模型渲染设置有更深刻的认识。

核心知识点

① 了解Rhino的建模原理
② 掌握各种建模工具的用法
③ 学习多种倒角的操作方法
④ 了解模型的修剪与修补操作
⑤ 掌握模型的渲染设置

10.1 模型的创建

对于新产品的设计开发，一般遵循一套工作流程，三维模型的制作与渲染是对预期产品的重要表现手段，不仅能确定产品的尺寸轮廓，还能赋予材质与配色，下面将对电钻模型的创建过程进行详细介绍。

10.1.1 建模前期预设

在进行模型创建之前，应先对Rhino的界面进行合理设置，以加快建模速度，增加工作效率。

步骤 01 打开Rhino应用程序，选择"模板文件"为"小模型-毫米"选项，如下图所示。

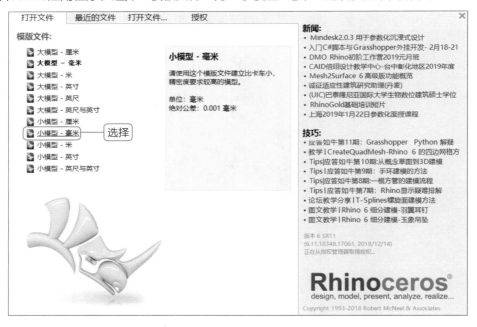

步骤 02 进入初始界面，在状态栏中单击"操作轴"、"平面模式"和"物件锁点"选项按钮。物件锁点勾选"端点"、"最近点"和"中点"复选框，如下图所示。

步骤 03 在左侧工具栏中选择多重直线工具 ⌐ 后，在前视图（Front）中创建一条起点为原点的500mm线段，再在上方工具栏中单击"工作视窗配置>添加一个图像平面 ▣ "按钮，在打开的"打开位图"对话框中选择要打开的参考图片❶，单击"打开"按钮❷，如下左图所示。

步骤 04 平面第一点捕捉在原点，单击鼠标左键确认，第二点捕捉在线段另一端（这样做保证了模型与真实物体的尺寸接近）。然后在顶视图（Top）中利用操作轴往上移动一定的距离（避免与模型重合，妨碍建模过程中的观察），如下右图所示。

 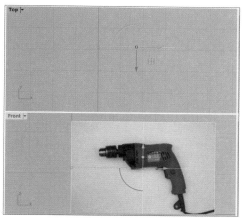

步骤 05 在"材质"❶属性面板中设置"透明度"值为40%❷，防止图片颜色过深影响操作，如下左图所示。

步骤 06 选择图片平面，单击鼠标中键，在打开的浮动工具栏中单击"锁定物件"按钮 🔒 ，防止后面的操作中不小心将图片移动位置，如下右图所示。至此，建模前期准备设置完毕。

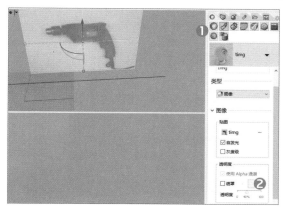 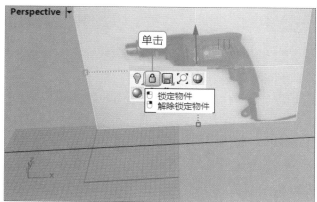

10.1.2 创建电钻模型

在电钻模型的创建过程中，首先根据参考图片绘制电钻的外型轮廓线，再利用各种曲面工具制作出曲面，先绘制大面积曲面，再绘制小面积曲面和细节。模型尽量倒角，同样遵循先大后小的规则。另外，需特别注意曲面的切割修补操作。

步骤 01 在左侧工具栏中选择控制点曲线工具 ⌐ ，描出A、B两条曲线。然后选择椭圆工具 ⊙ 扩展面板中的"椭圆：直径"工具 ⊙ ，以直径建立椭圆作出1、2线条，得到几段线，如下左图所示。

步骤 02 单击 🔨 右下角的三角形，在弹出的子菜单中选择"双轨扫掠"工具 ⌐ ，以A、B路径，1、2断面曲线得到下右图的电钻主体曲面。

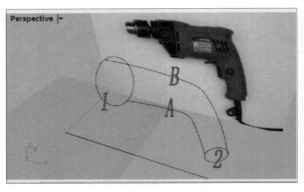 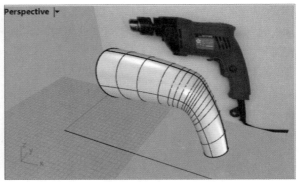

步骤 03 在前视图（Front）中绘制下左图的线段，对曲面上端进行修剪。

步骤 04 按下Ctrl+A组合键全选对象❶，单击鼠标中键，在打开的浮动工具栏中单击💡按钮❷，执行隐藏操作，便于观察和操作，如下右图所示。

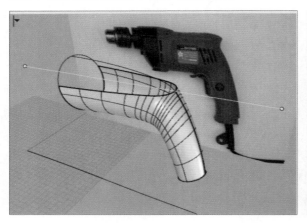 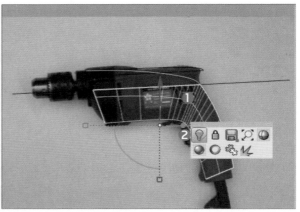

步骤 05 根据参考图片，执行"控制点曲线"命令🔲和"内差点曲线"命令🔲，绘制下左图所示的曲线，注意曲率的连续性。

步骤 06 全选上一步绘制的曲线，执行"从网线建立曲面"命令🔲，保持默认设置，得到上端曲面，如下右图所示。

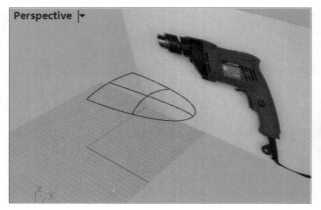 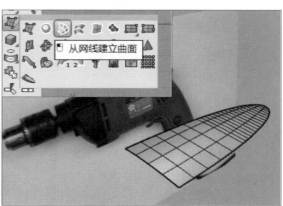

步骤 07 右击💡按钮，取消全部隐藏，然后使用"多重直线"和"控制点曲线"命令，绘制下左图所示的两条曲线。

步骤 08 执行"双轨扫掠"命令，以上下两个曲面边缘为路径，绘制的曲线为断面曲线，得到过渡曲面，然后在上方工具栏中单击"变动>镜像"按钮🔩，得到的效果如下右图所示。

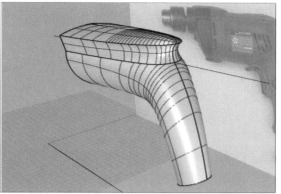

步骤 09 选择所有曲面，执行左侧工具栏中的"组合"命令🔩，使其组合为一个多重曲面。然后在左侧工具栏中选择"边缘圆角"命令🔘，如下左图所示。

步骤 10 选择上方曲面边缘为被倒角边，设置半径为4，效果如下右图所示。

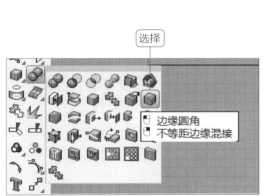

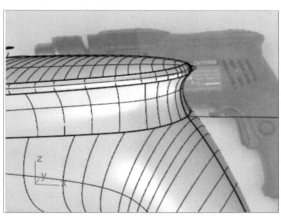

步骤 11 执行"控制点曲线"命令，绘制下左图所示的曲线，然后执行"修剪"命令，以曲线修剪曲面，剪去曲面中间部分，将修剪后的上部分移至合适的位置。

步骤 12 执行"圆角曲面"命令集🟢下的"混接曲面"命令🟢，依次选择上下曲面边缘，选边缘时要选同一侧，如果不同侧，过渡曲面将会扭曲，保持"混接曲面"对话框中的默认设置，如下右图所示。

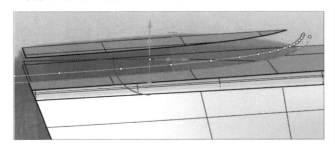

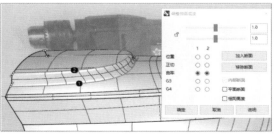

步骤 13 同理，对模型再次切割与修补，制作出模型右上方突出部分，如下左图所示。

步骤 14 执行"矩形"命令🔲后移动控制点，将其倾斜，再利用"曲线圆角"命令🔧将下方两角倒圆角，绘制下右图的曲线，同样进行分割和修补，做出小细节。

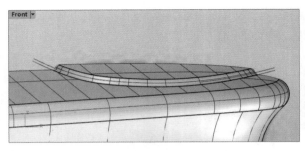 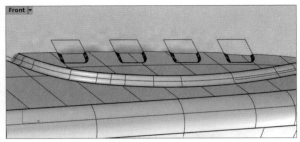

步骤 15 执行"多重直线"命令，绘制下左图的线段，然后利用线段修剪模型的左侧，使其有一个在同一平面的左侧边界。

步骤 16 利用多重线段工具和椭圆工具绘制下右图的曲线。再选择多重曲面，在左侧工具栏中执行"投影曲线" ▣命令集中的"复制边框"命令 ▱，得到边缘曲线。

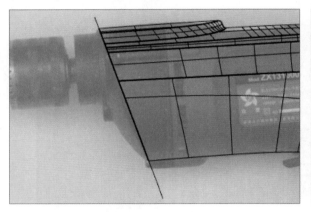 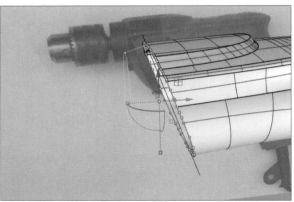

步骤 17 利用所得曲线执行"双轨扫掠"命令，打开"双轨扫掠选项"对话框，参数设置如下左图所示。

步骤 18 要制作尾部曲面过渡，则需在尾部绘制曲线对尾部进行修剪，并原地复制一份下部曲面，将其隐藏，如下右图所示。

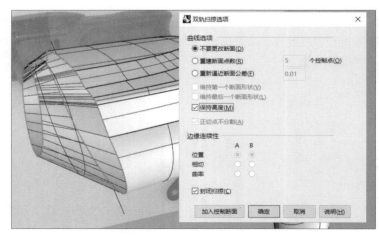 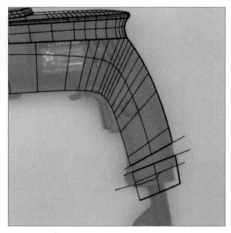

步骤 19 在左侧工具栏中执行 ▣命令集下的"缩回已修剪曲面"命令 ▣，打开控制点 ▱，拖动控制点对曲面进行变形，如下左图所示。

步骤 20 对上下两曲面执行"混接"命令，打开"调整曲面混接"对话框，进行相应的参数设置，得到光滑的过渡曲面，如下右图所示。

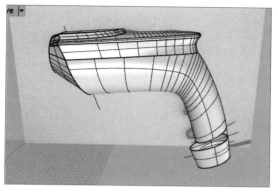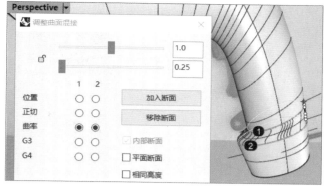

步骤 21 显示上面隐藏的备份曲面，并对模型进行修剪，如下左图所示。

步骤 22 执行左侧工具栏中🔲命令集下的"以平面曲线建立曲面"命令 ，选择曲面边缘，对下端封口，对下方两曲面进行曲面混接（勾选上方命令栏中的"连锁边缘"，在"调整曲面混接"对话框中选择位置），如下右图所示。

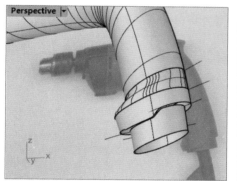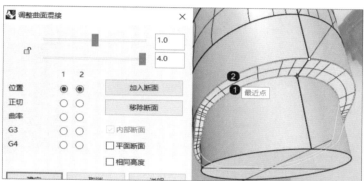

步骤 23 适当的制作渐消面，可使模型更丰富与美观。首先绘制下左图的曲线对曲面进行分割。

步骤 24 删掉多余曲面，对中间需要变形的小曲面执行 命令集下的"缩回已修剪的曲面"命令 ，如下右图所示。

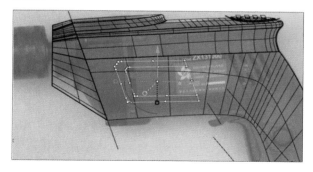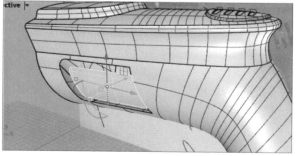

步骤 25 对曲面执行 命令集下的 变形控制器编辑，依次单击下面按钮：命令图标 >边框方块 >工作平面 >设置参数（参数如图： 变形控制器参数（X点数(X)=4 Y点数(Y)=4 Z点数(Z)=4 X阶数(D)=3 Y阶数(E)=3 Z阶数(G)=3): 并按下Enter键确认）>整体，就得到控制点，如下左图所示。

步骤 26 移动控制点进行变形，左侧往模型内部移动，右侧保持不变，注意保证曲面与主体的连续性，效果如下右图所示。

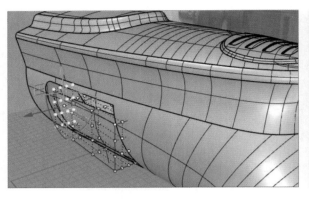 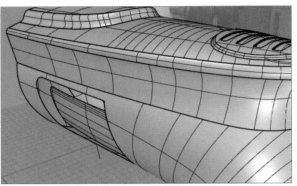

步骤 27 执行"混接曲面"命令，在打开的"调整曲面混接"对话框中进行相应的参数设置，对模型进行修补，如下左图所示。

步骤 28 这时会发现过渡曲面与主体模型衔接有问题，需要进行调整，如下右图所示。

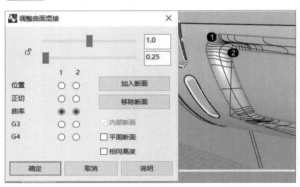 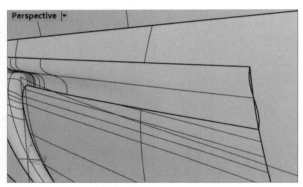

步骤 29 首先在工具栏中执行"曲面圆角 ＞显示边缘 ＞分割边缘 "命令，对右边公用边缘进行边缘切割。再对有问题的曲面边缘执行"曲面圆角" 命令集下的"衔接曲面"命令 ，即可解决衔接问题，如下左图所示。

步骤 30 执行"矩形"命令集下的"圆角矩形"命令 ，绘制下右图的曲线，然后对模型进行修剪，制作出进出风口。

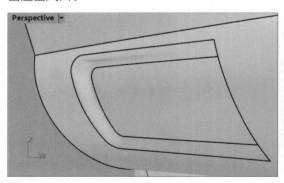 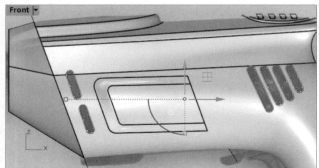

步骤 31 执行 命令集下的"沿直线挤出"命令 ，选择进出风口的曲面边缘，使之具有一定的厚度，如下左图所示。

步骤 32 执行"圆角矩形"和"控制点曲线"命令，绘制制作按钮所需的曲线，如下右图所示。

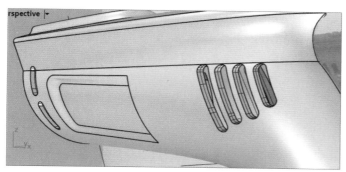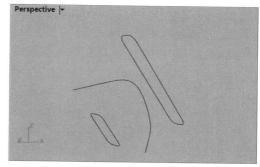

步骤33 选择两条闭合曲线，执行 ◢ 命令集下的 "放样" 命令 ◢，效果如下左图所示。

步骤34 执行 "修剪" 命令，使用主体模型对曲面进行修剪，去除多余的曲面，然后执行 ◢ 命令集下的 "圆管（平头）" 命令 ◢，选择曲面边缘为路径，制作合适大小的圆管，效果如下右图所示。

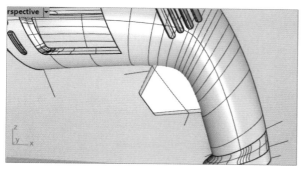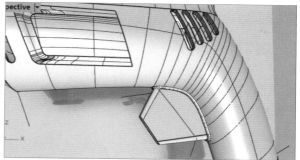

步骤35 使用圆管去切割主题模型和曲面，然后使用 "混接曲面" 命令进行修补，如下左图所示。

步骤36 对曲线执行 "沿直线挤出" 命令，效果如下右图所示。

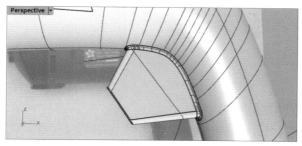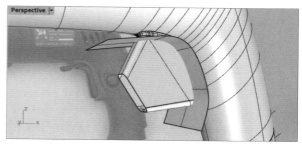

步骤37 选择两曲面相互执行 "修剪" 命令，如下左图所示。

步骤38 根据参考图绘制下右图的曲线，执行 "挤出" 命令（在上方命令栏选择 "实体"）后，进行倒角操作，制作出按钮。

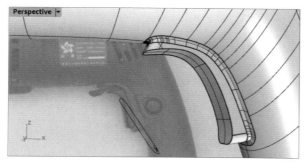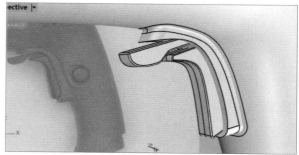

步骤 39 使用相同的方法，继续制作侧边按钮，如下左图所示。

步骤 40 接着制作头部，首先制作几个回转体（可先画轮廓线，再使用 ▣ 命令集下的"旋转成型" ▣ 命令进行制作），然后执行 ▣ 命令集下的"棱锥"命令 ▲，制作一个三棱锥，如下右图所示。

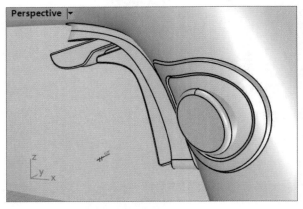 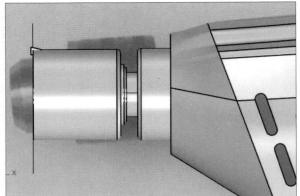

步骤 41 利用 ▦ 命令集下的"环形阵列"命令 ▣ 对三棱锥进行阵列（回转体中心为阵列中心点，数量为30），如下左图所示。

步骤 42 执行 ▣ 下的"布尔运算差集"命令 ▣，得到锯齿效果，如下右图所示。

 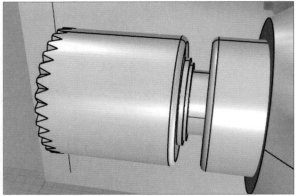

步骤 43 接着执行"多重直线"命令，绘制一条线段，如下左图所示。

步骤 44 利用绘制的线段，分别执行"圆管（平头和圆头）"命令制作几段圆管，大的为平头盖，小的为圆头盖，效果如下右图所示。

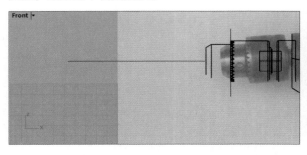 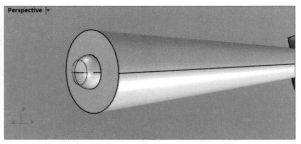

步骤 45 在顶视图（Top）中利用操作轴将小圆管移动至大圆管边上，且向左移动一定距离，效果如下左图所示。

步骤 46 将小圆管在Y轴方向进行拉伸，并将其镜像，效果如下右图所示。

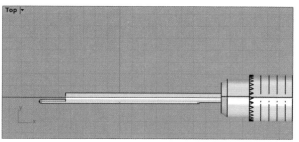
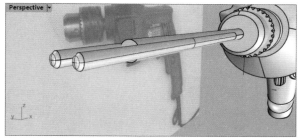

步骤 47 然后对其执行"布尔运算差集"命令,效果如下左图所示。

步骤 48 执行⑰命令集下的"扭转"命令⯍(旋转轴为上面所画线段,旋转角度为1500°),然后对钻头进行处理,得到的钻头效果如下右图所示。

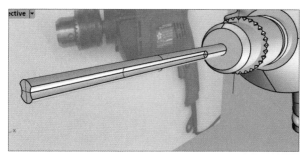
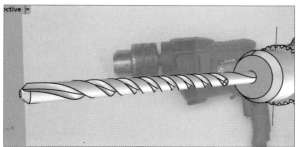

步骤 49 接着就是细节的调整,对模型尾部进行倒角处理,效果如下左图所示。

步骤 50 绘制曲线,并对模型进行分割,如下右图所示。

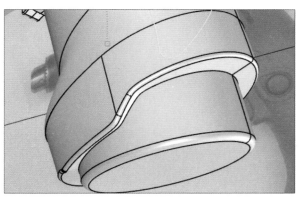
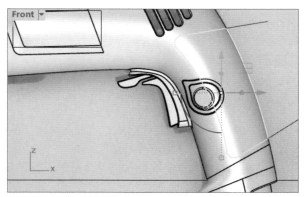

步骤 51 再对按钮处进行倒角处理,效果如下左图所示。

步骤 52 将出风口与主体模型组合,然后利用不等边距进行倒角,效果如下右图所示。

步骤 53 绘制一条竖线,执行"矩形阵列"命令 ▦ ,阵列出四根竖线,然后对模型进行分割,效果如下左图所示。

步骤 54 利用曲面边缘作圆管,并使用其修剪模型,如下右图所示。

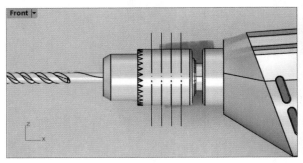 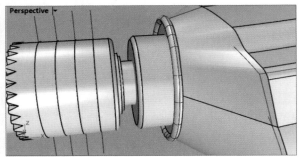

步骤 55 执行"多重直线"命令绘制曲线并修剪模型,如下左图所示。

步骤 56 利用"混接曲面"工具进行修补,如下右图所示。

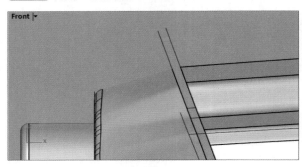 

步骤 57 至此,模型已创建完成,整体效果一如下左图所示。

步骤 58 整体效果二,如下右图所示。

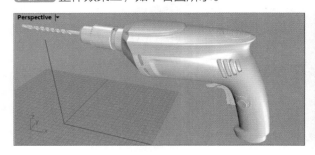 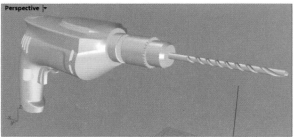

10.2 模型的渲染

为了更好地表现产品,创建好电钻模型后,用户可在Keyshot渲染软件里赋予模型相应的材质、颜色环境和灯光,以达到拟真的效果。

10.2.1 对模型进行分层

Keysot无法像V-Ray一样灵活多变,需要对不同材质进行归类并分好图层,才能赋予不同的材质,如果不分图层,Keyshot就默认模型只有一个图层,整个模型就只能赋予一种材质。

步骤 01 分图层与建模相反，要先分小物件，再分大物件。首先单击"标准"工具栏中的"切换图层面板"按钮🗔，打开图形面板的"图层"选项卡，如下左图所示。

步骤 02 单击"新图层"按钮 🗋❶，新建一个图层，命名为"线"❷（双击图层名称可重命名），如下右图所示。

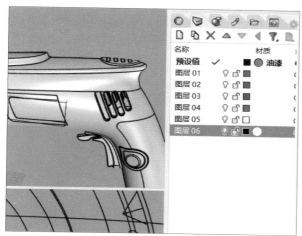 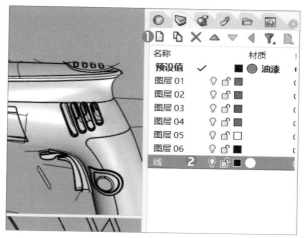

步骤 03 在上方工具栏中执行"选取曲线"命令🖉，此时选取了所有曲线，然后右击"线"图层，在弹出的快捷菜单中选择"改变物件图层"命令。此时选择的物件就属于这个图层了，然后单击 ♀ 图标，将线隐藏，方便后续的选取面操作，如下左图所示。

步骤 04 对于复杂的模型，有从属关系的材质，可以单击"新子图层"按钮，添加一个子图层，方便查找，如下右图所示。

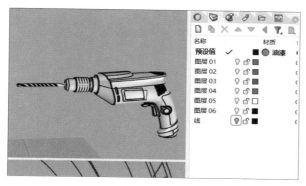 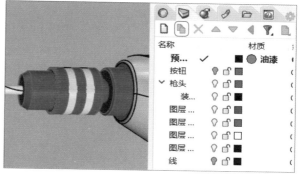

步骤 05 对于分好的图层，用户可以根据需要单击 图标，对其隐藏，避免错选，如下左图所示。

步骤 06 分好所有图层后，保持线和背景图层的隐藏状态，其他均显示出来。至此图层已分好，保存文件，如下右图所示。

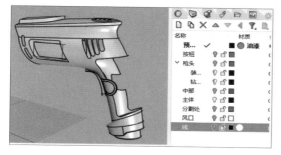 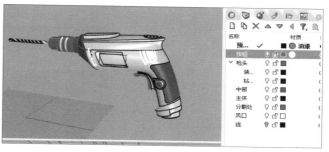

10.2.2 将模型导入Keyshot

Keyshot可直接导入Rhino的文件格式，世界坐标轴也相匹配，所以导入后的状态和Rhino中是一样的。需要注意的是，当导入的模型变黑时，是因为模型没有倒角或者图层为中文名称，不必在意。如果赋予材质后依旧是黑色的，那就回到Rhino中倒角或者将图层改为英文名。

步骤 01 打开Keyshot软件，在开始界面单击"导入"按钮，如下左图所示。

步骤 02 打开"Keyshot导入"对话框，选择要导入的电钻模型，其他参数设置保持默认设置，单击"导入"按钮，导入模型，如下右图所示。

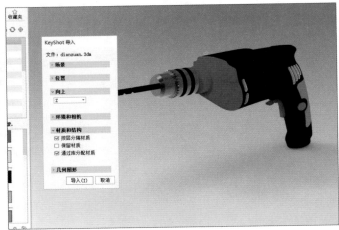

步骤 03 Keyshot中的移动工具为左上角工具栏，如下左图所示。

步骤 04 模型渲染的主要参数设置在Keyshot界面左右两侧的图形面板区域，如下中、下右图所示。由于Keyshot占用CPU很高，建议渲染时不要进行其他操作，以免导致电脑过热或者卡死。

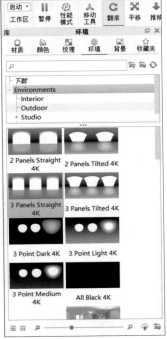
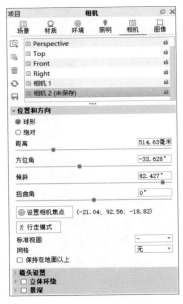

10.2.3 渲染设置

Keyshot中的材质包含了很多种类，颜色以及纹理，环境和布光也都有现成的，不需要做太多的改动，大部分保持默认即可。需要注意的是，不同的使用途径，对应的渲染设置也不一样，需了解不同用途与之对应的出图设置。

步骤01 在Keyshot界面左侧的图形面板区域的"材质"选项卡下选用合适的材质球①，鼠标左键直接拖到模型上松开即可，赋予模型材质②，如下左图所示。

步骤02 用户也可以在Keyshot界面右侧图形面板中进行设置，即先选择要编辑的部分①（直接单击下方带名称的材质球），然后单击 金属 下拉按钮②，选择相应的材质，即可赋予材质，如下右图所示。

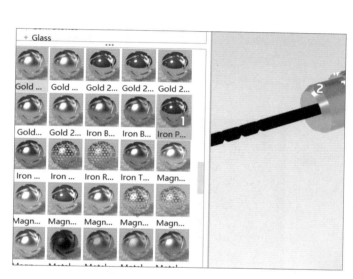
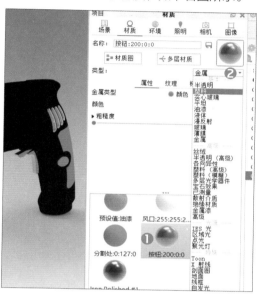

步骤03 当材质颜色不对时，可在"颜色"选项卡①下拖动色块到头部位置②进行设置，也可在Keyshot界面右侧的"材质"选项卡下进行属性的修改，如下左图所示。

步骤04 设置背景和环境皆是拖动放置即可，即拖动①到场景中②松开鼠标左键，如下右图所示。

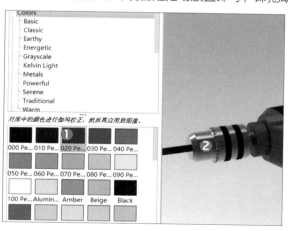
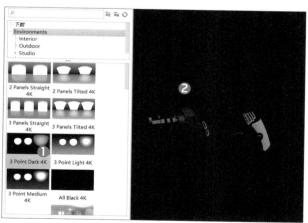

步骤05 对于黑色环境，可在右侧图形面板的"环境"选项卡下进行设置，参数设置如下左图所示。

步骤06 模型中部和后面手握部分应为粗糙度比较高的材质，需在"材质"选项卡下对"粗糙度"参数①进行设置，设置完成后查看效果②，如下右图所示。

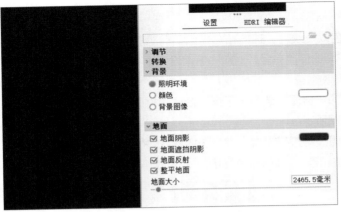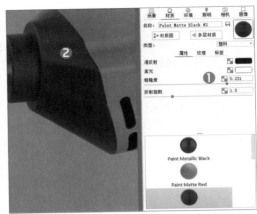

步骤 07 枪头有锯齿的部分应有两条粗糙度较高的表面（更换钻头时便于拆下），用户可以在"材质"选项卡下为其添加一个拉丝纹理，参数设置如下左图所示❶。设置完成后查看效果❷。

步骤 08 根据上面的操作，举一反三，赋予模型所有部位应有的材质类型以及材质应呈现的纹理和颜色，如下右图所示。

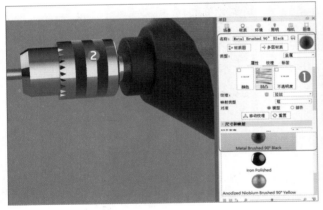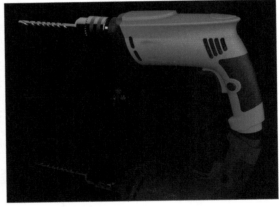

步骤 09 通过鼠标调整想要的模型的角度，单击下方的"渲染"按钮，弹出"渲染"对话框，设置好渲染参数以及保存路径❶后，单击"渲染"按钮❷，即可开始执行渲染操作，如下左图所示。

步骤 10 当需要多张不同视角的图片时，在"渲染"对话框中设置好渲染参数后，单击 添加到 Monitor 按钮，继续设置下一张图片，当全部添加完成后，切换到Monitor选项面板，如下右图所示。

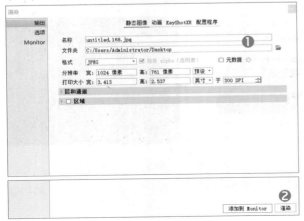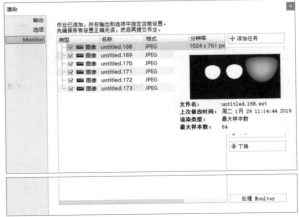

步骤11 当参数不变只需改变视角时，可在"渲染"对话框的Monitor选项面板中调好角度再单击"添加任务"按钮 ＋添加任务 ，然后再单击"处理Monitor"按钮 处理 Monitor ，即以进行多张图片的同时渲染，如下左图所示。

步骤12 当渲染的图片需要在Photoshop中进行调整、排版或者应用到场景中时，可在"渲染"对话框的"输出"选项面板，将输出设置为PNG格式❶，并勾选"包含Alpha（透明度）"复选框❷，这样渲染的图就为透明背景，免去了复杂的抠图过程，方便后期的图片处理，如下右图所示。

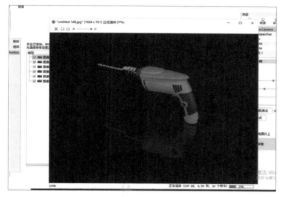

步骤13 在产品展示的时候往往需要三视图，一般以白底展示，这时用户可以在菜单栏中执行"相机>标准视图"命令，在打开的子菜单中选择相应的选项对场景进行校正，如下左图所示。

步骤14 渲染完成后，按Ctrl + S组合键保存文件，在弹出的对话框中单击"保存文件包"按钮，然后在弹出的对话框中选择合适的保存路径❶和文件名❷后，单击"保存"按钮❸，保存文件包，以便下次直接打开使用，如下右图所示。

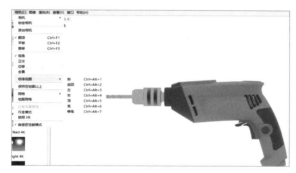

步骤15 至此，完成电钻模型的渲染操作，效果展示一如下左图所示。
步骤16 效果展示二，如下右图所示。

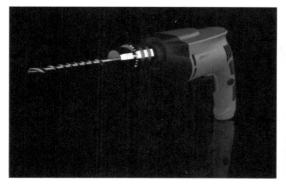
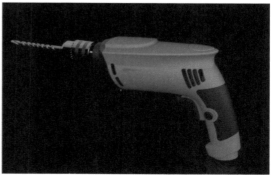

Chapter 11 制作智能音响模型

本章概述
本章将通过制作智能音响模型的操作来阐述对称模型的建模思路，在建模的过程中要注重细节，才能使模型精细、合理。同时，本章节在渲染部分复杂材质的应用和背景图的设置，也是尤为重要的。

核心知识点
1. 了解对称模型的建模原理
2. 掌握偏移曲面工具的多种用法
3. 灵活使用各种倒角的操作方法
4. 学习Keyshot复杂材质的应用

11.1 创建音响模型

在产品设计过程中，我们不能只会临摹别人的作品，还要在临摹的过程中加入自己的东西，对产品进行改良设计，这步主要体现在前期草图绘制以及绘制工程图和创建模型的过程中。在模型的创建过程中，要先分析模型的特征，对其进行合理安排。

11.1.1 建模前期预设

将参考图片导入Rhino中，并缩放至合适大小，对建模界面进行合适的设置，不仅能提高模型的尺寸精确度，还能提高建模速度。

步骤 01 打开Rhino应用程序，选择"模板文件"为"小模型-毫米"选项，如下左图所示。

步骤 02 进入初始界面，在状态栏中单击"操作轴"、"平面模式"和"物件锁点"选项按钮。物件锁点勾选"端点"、"最近点"、"中心的"和"中点"复选框，如下右图所示。

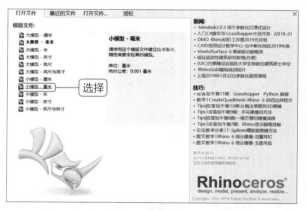
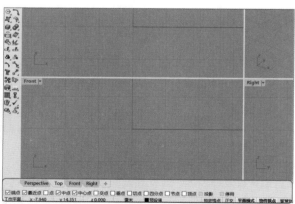

步骤 03 选择多重直线工具，在Front视图中创建一条起点为原点的200mm线段，再在上方工具栏中单击"工作视窗配置＞添加一个图像平面"按钮，在打开的"打开位图"对话框中选择要打开的参考图片❶，单击"打开"按钮❷，如下左图所示。

步骤 04 平面第一点捕捉在原点，单击鼠标左键确认，第二点捕捉在线段另一端（这样做保证了模型与真实物体的尺寸接近）。然后在顶视图（Top）中利用操作轴往上移动一定的距离（避免与模型重合，妨碍建模过程中的观察），并将参考线段删除，如下右图所示。

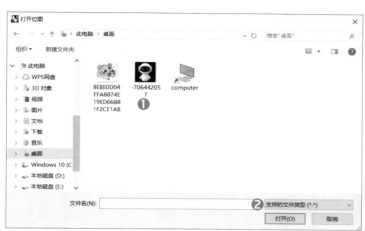

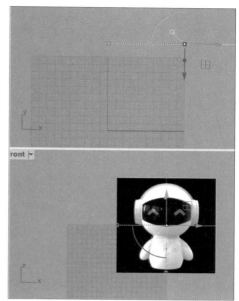

步骤 05 在"材质"属性面板中设置"透明度"值为40%❶,防止图片颜色过深影响操作,并将其锁定❷,如下左图所示。

步骤 06 在Front视图中过图片中点绘制一条直线,在Top视图中将其移至y = 0,x值不变的位置,作为模型的对称轴,并锁定,如下右图所示。至此,建模前期设置完毕。

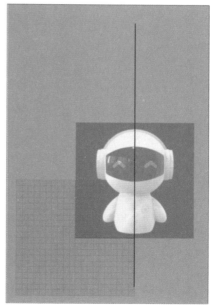

11.1.2 模型的创建

由参考图片可知,模型是左右对称的,所以我们只需要制作出模型的一半,将其镜像拼接即可,可节约建模时间,提高工作效率。

步骤 01 执行 🔘 命令集下的"球体(中心点、半径)"命令 🔘,在直线上选择合适的点为中心点,按住Shift和鼠标左键创建一个球体,作为模型头部,如下左图所示。

步骤 02 在Front视图中右击视口左上角的 Front▼ 下三角按钮❶，在打开的下拉列表中将显示模式改为"半透明模式"❷，便于观察，如下右图所示。

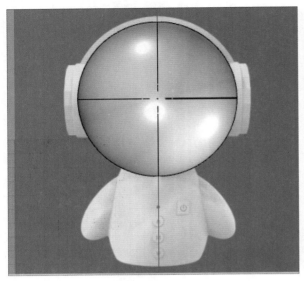
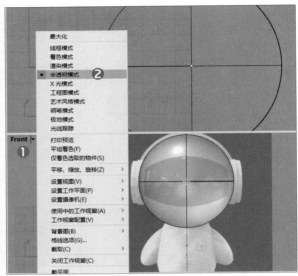

步骤 03 将球体原地复制一份（先按Ctrl+C组合键，然后按Ctrl+V组合键即可），并隐藏备用。使用 ▷命令集下的"圆弧：起点、终点、通过点"命令 ◥ 和"多重直线"命令绘制出屏幕外形轮廓线（需把四个尖角导角），如下左图所示。

步骤 04 执行"投影曲线"命令 ⬚，在Front视图中将曲线投影至球体上，并执行"分割"命令，将屏幕从球体中分离出来，如下右图所示。

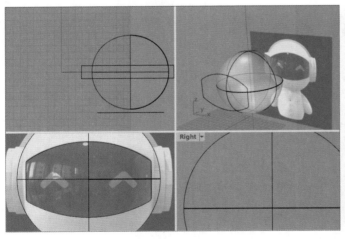
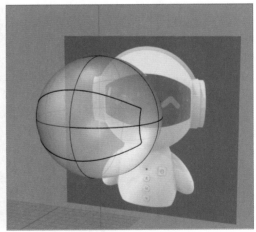

步骤 05 执行 ⬚命令集下的"偏移曲面"命令 ⬚，将屏幕向外偏移一定的距离，（参数设置如图：

选取要反转方向的物体，按 **Enter** 完成（距离(D)=1.5 角(C)=圆角 实体(S)=是 松弛(L)=否 公差(T)=0.001 两侧(B)=否 删除输入物件(I)=是 全部反转(F)：），并导

角，如下左图所示。

步骤 06 使用"多重直线"命令和"偏移曲面"命令继续绘制眼睛处曲线，并进行实体挤出，原地复制并隐藏挤出物件和屏幕，如下右图所示。

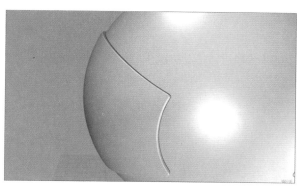
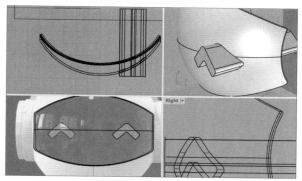

步骤 07 先对显示的挤出物件和屏幕执行 ⬤ 命令集下的"布尔运算交集"命令 ⬤，得到眼睛，再显示隐藏的一份，执行"布尔运算差集"命令 ⬤，做出眼眶（此处将两者位置错开，以便观察），如下左图所示。

步骤 08 执行 ⬤ 命令集下的"边缘圆角"命令 ⬤，对其进行处理，单击"着色"命令 ⬤，进行观察，如下右图所示。

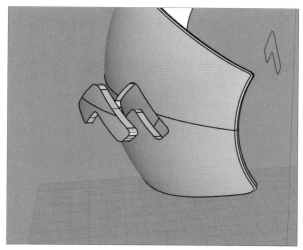
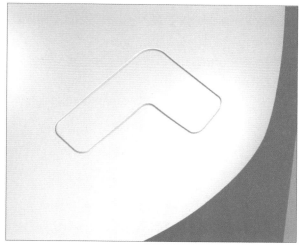

步骤 09 在Right视图中执行 ⬤ 命令集下的"圆柱体"命令 ⬤，捕捉球体边界中点制作出一个圆柱体，如下左图所示。

步骤 10 执行"布尔运算联集"命令，将球体和圆柱组成一个多重曲面，并对其导角，如下右图所示。

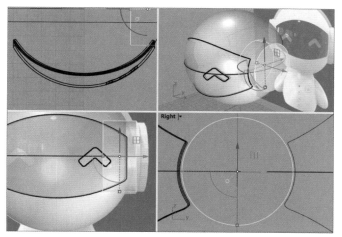
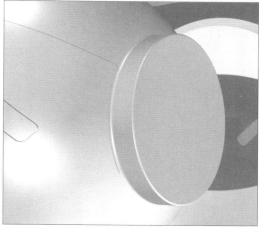

步骤11 执行"多边形：中心点、半径"命令，设置边数为12，得到一个多边形，对多边形执行命令集下的"全部圆角"命令，在命令栏中将半径设置为2，如下左图所示。

步骤12 对曲线执行"挤出"命令（也可以拖动操作轴上的小点❶进行拖动挤出），挤出耳部外侧曲面，如下右图所示。

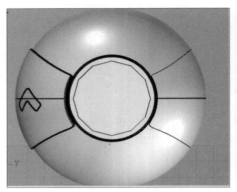 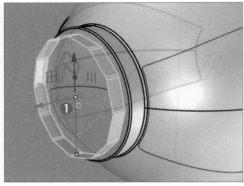

步骤13 执行命令集下的"将平面洞加盖"命令，对其封口，并执行"混接曲面"命令进行导角，如下左图所示。

步骤14 在Right视图中执行"圆：中心点、半径"命令，绘制一个圆，用它对上一步的曲面进行分割，如下右图所示。

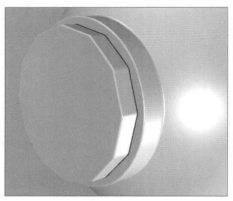 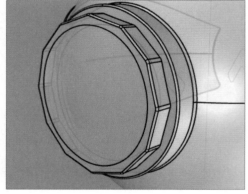

步骤15 将切割出来的圆曲面往模型内部移动适当的距离，执行"混接曲面"命令，对模型进行修补，如下左图所示。

步骤16 在Right视图中执行"多重直线"命令，绘制闪电状图形，并用其对模型进行分割，如下右图所示。

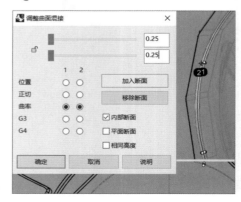 

步骤17 将头部隐藏，然后执行 💡命令集下的"显示选取物件"命令 🔍，将上面隐藏的显示出来，并执行"矩形"命令，在Top视图中做出两个矩形（小矩形需要导角），如下左图所示。

步骤18 执行"修剪"命令 ✂，将球体两侧切除，再对修剪留下的曲面执行"偏移曲面"命令，得到耳机中部，并对其进行倒角，如下右图所示。

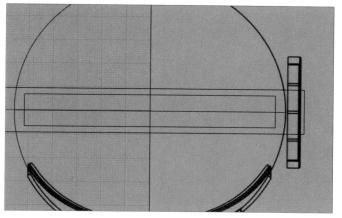 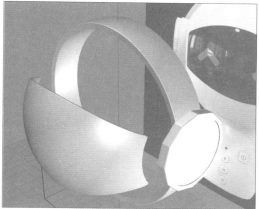

步骤19 执行"投影曲线"命令，将小矩形投影至上步得到的物体上，并对其分割，如下左图所示。

步骤20 对所得曲面执行"偏移曲面"命令，向模型内部偏移一定的距离，再执行"混接曲面"命令，对模型进行修补，如下右图所示。

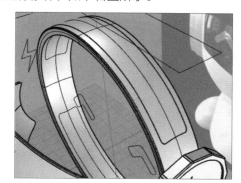 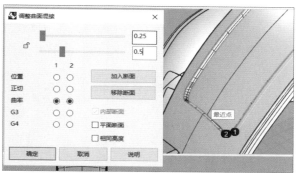

步骤21 显示所有物体，在Top视图中将为进行操作的一边修剪掉，然后对已完成的一半进行镜像并组合，如下左图所示。

步骤22 用主体模型分割耳机中部物件，并删除不需要的部分。至此，头部建模基本完成，效果如下右图所示。

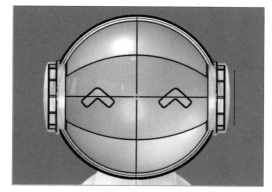 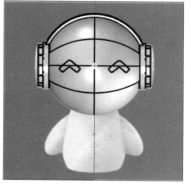

步骤 23 开始制作身体部分，首先执行"控制点曲线" 命令，绘制一条曲线（曲线上端要超出球体的下端），并执行 命令集下的"旋转成型"命令 ，得到身体部分曲面，如下左图所示。

步骤 24 选择身体和头部相互执行"修剪"命令，再执行"圆管：平头"命令 ，利用修剪所得边缘生成一个圆管，如下右图所示。

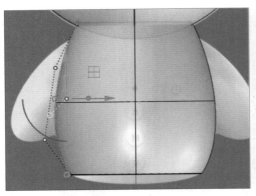 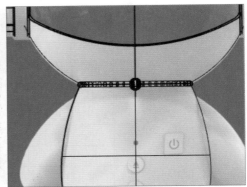

步骤 25 执行经典的利用圆管导角操作，即用圆管修剪模型，然后执行"混接曲面"命令，对两曲面进行混接修补，如下左图所示。

步骤 26 执行"圆：中心点、半径"命令，在Front视图中绘制三个圆，并将其投影在曲面上，如下右图所示。

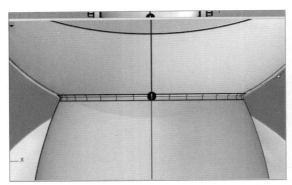 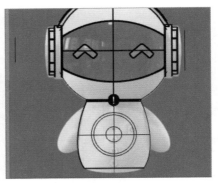

步骤 27 执行"分割"命令对曲面进行分割，并删去不需要的曲面，如下左图所示。

步骤 28 执行"移动"命令，将环状曲面向外移动，再执行"放样"命令，将其与主体模型进行连接，效果如下右图所示。

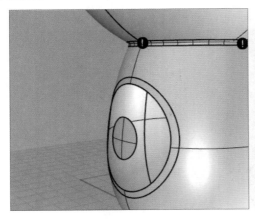 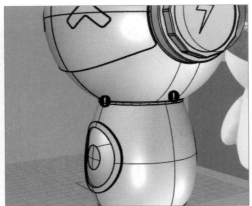

步骤 29 同理，将中间小曲面原地复制一份并隐藏，进行一定量的放大，往模型内部移动，并通过放样连接主体模型，并执行"曲面圆角"命令 🔗 进行导角，如下左图所示。

步骤 30 显示小曲面往模型外部移动，再次放样，如下右图所示。

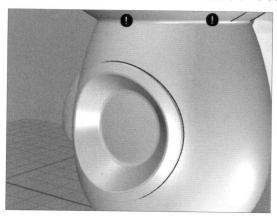

步骤 31 在Front视图中执行"多边形"命令，绘制一个三角形，再将其环形阵列三份，如下左图所示。

步骤 32 执行"修剪"命令，对模型进行修剪，如下右图所示。

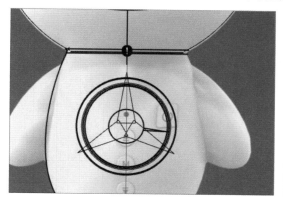
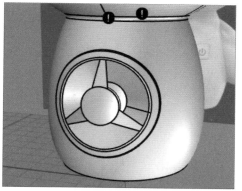

步骤 33 对所得执行"偏移曲面"命令，向模型内部偏移，并执行"边缘圆角"命令依次导角（注意三个三角面仅Front视图相同，侧视图并不一样，所以不能采取制作完其中之一再阵列的方法，必须单独进行操作），如下左图所示。

步骤 34 右击执行"抽离曲面"命令 🔗，将三个三角面的外部曲面抽离出来，再执行"偏移曲线"命令向里偏移两条曲线（由于间距太小，此处展示曲线一小部分），如下右图所示。

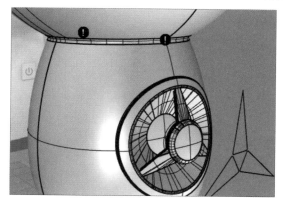
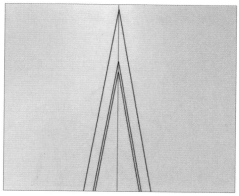

步骤35 执行"切割"命令，对抽离出来的模型进行切割并执行"偏移曲面"命令，将三角面往模型内部偏移，如下左图所示。

步骤36 执行"混接曲面"命令，在"调整曲面混接"对话框中设置相关参数，依次对各个三角面进行修补，如下右图所示。

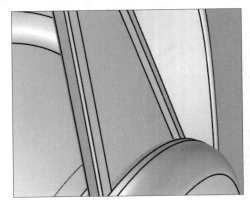
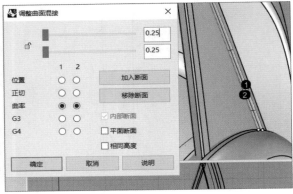

步骤37 接下来制作模型"手部"，执行 命令集下的"椭圆"命令 ，根据参考图制作一个椭圆，并进行适当的旋转与参考图相匹配，如下左图所示。

步骤38 执行"布尔运算联集"命令，获得一个交界，执行上面对颈部倒角的方法，对交接处进行导角，如下右图所示。

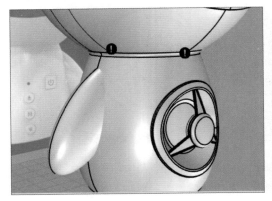
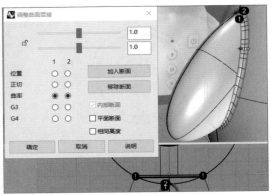

步骤39 接下来制作按钮，在Front视图中执行"圆"命令，绘制若干圆，然后执行"投影曲面"命令，将圆投影到曲面上，利用投影到曲面上的线对模型进行切割，如下左图所示。

步骤40 执行 命令集下的"挤出曲面"命令 ，赋予按钮厚度，并进行导角，得到按钮；执行"直线挤出"命令，选择按钮槽的边缘向模型内部挤出，并导角，如下右图所示。

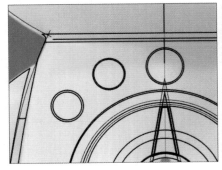
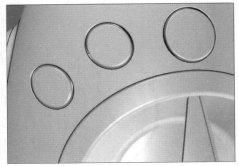

步骤 41 和头部的操作一样，将未操作的一半修剪掉，执行"镜像"命令，将完成的一半镜像到另一边去，得到完整的音响模型，如下左图所示。

步骤 42 接下来制作话筒，制作方法与音响主体模型的制作方法一样，先导入参考图，执行"多重直线"和"控制点曲线"命令绘制轮廓线，再执行"旋转成型"命令，如下右图所示。

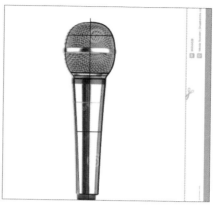

步骤 43 执行"矩形"命令和"多重直线"命令，绘制两条曲线对模型进行切割，如下左图所示。

步骤 44 对上面矩形切割出来的曲面执行"偏移曲面"命令，并导角，底部执行"以平面曲线建立曲面"命令进行封口并导角，执行"群组物件"命令 🔲，将话筒群组，如下右图所示。

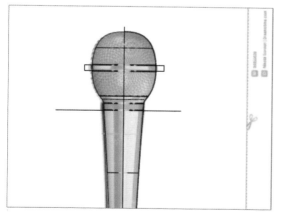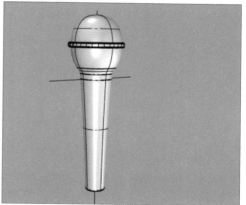

步骤 45 至此，建模完成，将话筒移至合适的位置并旋转一定的角度，效果展示一如下左图所示。

步骤 46 效果展示二如下右图所示。

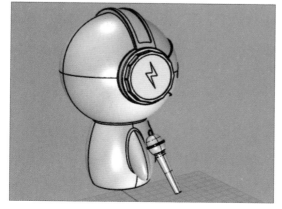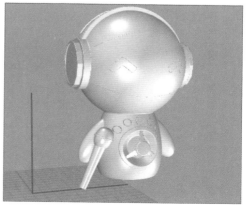

11.2 模型的渲染

由于模型细小，曲面很多，赋予模型相应的材质和颜色，以便观察和检验模型，看是否满足预期的要求，同时模型上应该有蜂窝状材质，要正确设置参数，使渲染出来模型更加逼真。

11.2.1 模型的分层和导入Keyshot

模型分图层时，需要将群组的物件打开，才能逐个编辑，音响看上去整体性很强，但是还是分为几个部分组成。模型导入Keyshot只要无异常，保持默认设置即可。

步骤 01 打开Rhino软件后执行"解散群组"命令 ，将话筒解组，然后在右边图形面板中进行分层，如下左图所示。

步骤 02 继续将图层分完，隐藏背景图层和线图层，分图层完成如下右图所示。

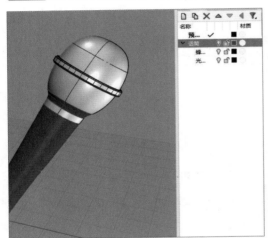

步骤 03 打开Keyshot软件，单击界面下方"导入"按钮或者在键盘上按Ctrl+I组合键，打开"导入"文件的对话框，选择要导入的模型❶，单击"打开"按钮❷，如下左图所示。

步骤 04 参数保持默认设置，模型导入成功，如下右图所示。

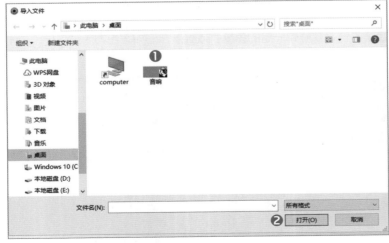

11.2.2 渲染设置

模型材质种类偏多，在考虑功能性前提下，还要兼顾材质的搭配和颜色的搭配，使其美观而不丧失功能性。同时模型存在蜂窝状材质和自发光材质，需要调节合适的参数才能保证模型的拟真度。

步骤 01 将左边材质区的钢质网状材质球❶拖动到相应的位置❷，松开后会发现孔过大，需要调整，如下左图所示。

步骤 02 先双击右边图形面板中要修改的材质❶，然后单击"凹凸"纹理❷，进入纹理修改面板，如下右图所示。

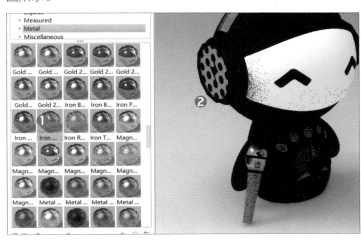
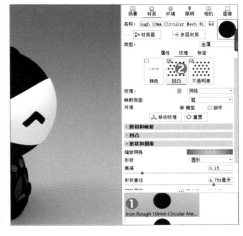

步骤 03 往左拖动"缩放网络"❶或者在"形状直径"❷处设置，调整到纹理符合实际物体大小，如下左图所示。

步骤 04 过渡处给予光滑的金属材质。话筒把手处为粗糙度较高的金属，需在右侧"项目>材质>纹理"中添加一张自带的"凹凸"贴图❶，并调节"凹凸高度"值❷，如下右图所示。

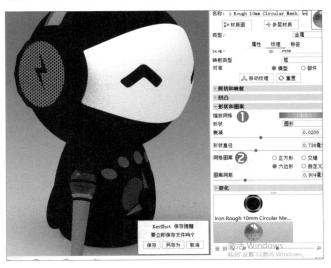
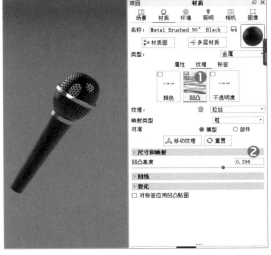

步骤 05 接下来调节扬声器的凹陷处，在"项目>材质"选项面板❶中，选择材质类型为"自发光"❷，如下左图所示。

步骤 06 在"纹理>颜色"处右击，在弹出的下拉菜单中选择添加一张颜色渐变贴图，调节各项参数，设置如下右图所示。

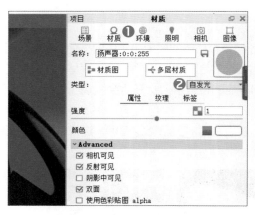 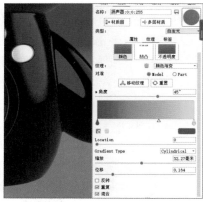

步骤07 同理，在不透明处添加一个颜色渐变贴图，并设置好参数，如下左图所示。

步骤08 扬声器自发光的材质设置完毕（此处只是交代制作方法，至于颜色看个人喜好自行设置），效果如下中图所示。

步骤09 举一反三设置其他材质，效果如下右图所示。

步骤10 在左侧图形面板中的"库＞环境＞Environments＞Interior"面板中选择合适的背景，将其拖入场景中，如下左图所示。

步骤11 然后在右侧"项目＞环境"的设置窗口中进行参数调节，如下中图所示。

步骤12 设置完成后查看效果，如下右图所示。

步骤 13 渲染出图，至此模型渲染完成，效果展示一如下图所示。

步骤 14 效果展示二，如下图所示。

课后练习答案

Chapter 01

1. 选择题

（1）C　　（2）A　　（3）D　　（4）B

2. 填空题

（1）TOP（顶视图）；Perspective（透视图）；
　　　Front（前视图）；Right（右视图）

（2）物件锁点

（3）文件属性；自动保存时间

（4）新建图层；重命名图层；复制图层；删除图层

（5）点选对象；框选对象；按类型选择对象

Chapter 02

1. 选择题

（1）D　　（2）D　　（3）B　　（4）C

2. 填空题

（1）角对焦；中心点；角；三点

（2）工具栏；实体>文字

（3）长度与方向

（4）相同；不相同

（5）顶点和焦点

Chapter 03

1. 选择题

（1）B　　（2）D　　（3）D　　（4）A

2. 填空题

（1）两条；三条；四条

（2）一条路径；断面曲线

（3）两条路径；断面曲线

（4）矩形的点物件

Chapter 04

1. 选择题

（1）A　　（2）D　　（3）D　　（4）B

2. 填空题

（1）位置连续(G0)；相切连续(G1)；
　　　曲率连续(G2)；（G3）；(G4)

（2）两个主曲率；乘积平均数

（3）控制点数量

（4）位置；正切；曲率

（5）不相接；连续性

Chapter 05

1. 选择题

（1）B　　（2）A　　（3）D　　（4）B

2. 填空题

（1）两侧

（2）0；90

（3）角对角；高度；对角线；三点、高度，
　　　底面中心点、角、高度

（4）挤出方式；拔模角度

（5）上次选取的边缘；20组

Chapter 06

1. 选择题

（1）C　　（2）D　　（3）D　　（4）B

2. 填空题

（1）三角形；四角形

（2）单一顶点；一个以上

（3）网格立方体；网格圆柱体；网格圆锥体；网格平
　　　定椎体；椭圆体；网格球体；网格圆环体

（4）对角线未熔接

（5）25:1或以上

Chapter 07

1. 选择题

（1）C　　（2）A　　（3）A　　（4）B

2. 填空题

（1）圆弧；两条直线；指定三点

（2）AutoCADdrawing(.dwg)

（3）直线

Chapter 08

1. 选择题

（1）A　　（2）A　　（3）B　　（4）B

2. 填空题

（1）3dm；3ds；iges

（2）纹理

（3）"相机"选项

（4）鼠标左键